Die Duden-Abiturhilfen –
Übungsbücher für den Lernerfolg.

Die Duden-Abiturhilfen sind praktische Lernhilfen für Schülerinnen und Schüler, die sich gezielt auf das Abitur vorbereiten. Jeder Band ist eng am Schulunterricht orientiert. Die vielen Beispiele, Übungsaufgaben und der Lösungsteil machen das Lernen für das jeweilige Fach spielend leicht.

DEUTSCH

Aufsatz Deutsch
11. bis 13. Klasse
ISBN 3-411-04642-2

Erzählende Prosatexte analysieren
11. bis 13. Klasse
ISBN 3-411-05642-8

Dramentexte analysieren
11. bis 13. Klasse
ISBN 3-411-70132-3

Gedichte analysieren
11. bis 13. Klasse
ISBN 3-411-70141-2

MATHEMATIK

Analysis I
11. bis 13. Klasse
ISBN 3-411-70123-4

Analysis II
11. bis 13. Klasse
ISBN 3-411-70173-0

Analysis III
11. bis 13. Klasse
ISBN 3-411-70183-8

Stochastik I
12. und 13. Klasse
ISBN 3-411-70152-8

Lineare Algebra und analytische Geometrie
Grundkurs
12. und 13. Klasse
ISBN 3-411-05301-1

Lineare Algebra und analytische Geometrie I
Leistungskurs
12. und 13. Klasse
ISBN 3-411-04602-3

Lineare Algebra und analytische Geometrie II
Leistungskurs
12. und 13. Klasse
ISBN 3-411-04632-5

CHEMIE

Allgemeine Chemie
12. und 13. Klasse
ISBN 3-411-04622-8

Organische Chemie
12. und 13. Klasse
ISBN 3-411-70862-X

BIOLOGIE

Nervensysteme und Sinnesorgane
12. und 13. Klasse
ISBN 3-411-04152-8

Stoffwechsel und Energieumsatz
12. und 13. Klasse
ISBN 3-411-04282-6

Genetik
12. und 13. Klasse
ISBN 3-411-05472-7

Zellbiologie
12. und 13. Klasse
ISBN 3-411-04882-4

ERDKUNDE

Entwicklungsländer
12. und 13. Klasse
ISBN 3-411-70752-6

Industrie und Dienstleistungen
12. und 13. Klasse
ISBN 3-411-06111-1

KUNST

Kunstgeschichte I
12. und 13. Klasse
ISBN 3-411-04142-0

Kunstgeschichte II
12. und 13. Klasse
ISBN 3-411-04192-7

GESCHICHTE

Geschichte I
11. bis 13. Klasse
ISBN 3-411-71122-1

Geschichte II
11. bis 13. Klasse
ISBN 3-411-71132-9

DUDEN Abiturhilfen

Stochastik I

Beschreibende Statistik und Wahrscheinlichkeitstheorie

12./13. Schuljahr

von Ingrid Knoche, Prof. Dr. Norbert Knoche,
Marion und Bernd Krallmann

Grafische Darstellungen
von Otto Nehren

DUDENVERLAG
Mannheim · Leipzig · Wien · Zürich

Die Deutsche Bibliothek – CIP-Einheitsaufnahme
Duden-Abiturhilfen
Mannheim; Leipzig; Wien; Zürich: Dudenverl.
Stochastik. 1. Beschreibende Statistik und Wahrscheinlichkeitstheorie:
12./13. Schuljahr/von Ingrid Knoche ... Grafische Darst. von Otto Nehren. – 1999
ISBN 3-411-70152-8

Das Werk wurde in neuer Rechtschreibung verfasst.

Redaktion: Otto Reger
Herstellung: Christoph Schall
Umschlagillustration: Sabine Kranz
Satz und Druck: Mercedes-Druck, Berlin
Gedruckt auf Eural Super Recyclingpapier matt gestrichen
Bindearbeit: Schöneberger Buchbinderei, Berlin
Printed in Germany
ISBN 3-411-70152-8

Die »Duden-Abiturhilfen« setzen die Reihe »Duden-Schülerhilfen« im Bereich der Sekundarstufe II fort.
Die Darstellung des Unterrichtsstoffes »Stochastik in der Sekundarstufe II« ist aufgeteilt auf die beiden Bände

- Stochastik I und
- Stochastik II.

In der Regel beginnen die einzelnen Kapitel jeweils mit der Erklärung der grundlegenden Begriffe und den wichtigsten Aussagen und Regeln zur Anwendung dieser Begriffe.
Die Behandlung des Stoffes wird von einer Vielzahl bis ins Detail vorgerechneter Beispiele und Aufgaben begleitet, zu denen ausführliche Lösungen angegeben werden. Die Bände sind so geschrieben, dass sie unabhängig vom einzelnen im Unterricht verwendeten Lehrbuch benutzt werden können. Auf der anderen Seite haben wir uns bemüht, soweit wie möglich auf die einzelnen Schulbücher zurückzugreifen.
Die einzelnen Kapitel sind unabhängig voneinander verfasst: Um ein bestimmtes Kapitel lesen zu können, braucht man nicht erst alle vorausgegangenen Kapitel zu bearbeiten. Die Bände können daher auch als Nachschlagewerk zur schnellen Information dienen.

Zur besseren Orientierung kennzeichnen Vignetten

Definitionen, ⟶

Sätze ⟶

und die **Lösungen.** ⟶

Wir geben Ihnen im Folgenden einen Überblick über den Inhalt der Duden-Abiturhilfen Stochastik I und Stochastik II.

Vorwort

Stochastik I

Dieser Band wiederholt ausführlich die grundlegenden Begriffe und Sätze der sog. beschreibenden Stochastik und der Wahrscheinlichkeitsrechnung. Der Begriff der Wahrscheinlichkeit wird dabei aus dem Begriff der relativen Häufigkeit über das empirische Gesetz der großen Zahlen entwickelt. Im Einzelnen werden folgende Themen behandelt:

Grundbegriffe der beschreibenden Stochastik, Zufallsexperimente und ihre Darstellung, der Begriff der Wahrscheinlichkeit, Laplace-Experimente und kombinatorische Formeln, bedingte Wahrscheinlichkeit und Unabhängigkeit.

Stochastik II

Der Band behandelt im ersten Teil den Begriff der Zufallsgröße zur Beschreibung von Zufallsexperimenten. Dieser Teil setzt also die Wahrscheinlichkeitsrechnung des Bandes I fort.
Der zweite und größte Teil des Bandes ist der beurteilenden Statistik gewidmet.
Im Einzelnen werden folgende Themen behandelt:

Zufallsgrößen und ihre Verteilungen, Unabhängigkeit von Zufallsgrößen, die tschebyscheffsche Ungleichung und der moivre-laplacesche Grenzwertsatz. Grundbegriffe und Verfahren der beurteilenden Statistik: Schätzprobleme, Bestimmung von Konfidenzbereichen, Testen von Hypothesen.

Die Verfasser

Mannheim, im Sommer 1999

Kapitel

Kapitel 1

Beschreibende Statistik

1.1 Ergebnismenge eines Zufallsversuchs

Als Geburtsstunde der Wahrscheinlichkeitsrechnung wird oftmals der Briefwechsel des am Hofe des Sonnenkönigs Ludwig XIV. lebenden adeligen Schriftstellers Chevalier de Méré (1607–1684) mit dem berühmten Mathematiker Blaise Pascal (1623–1662) genannt. In diesem Briefwechsel ging es um folgende Fragen:

1) Ist es günstig, darauf zu wetten, dass bei vier Würfen mit einem Würfel wenigstens einmal eine »Sechs« fällt?

2) Ist es günstig, darauf zu wetten, dass bei 24 Würfen mit zwei Würfeln wenigstens einmal eine »Doppelsechs« fällt?

Herr Chevalier de Méré, ein offensichtlich dem Glücksspiel zugetaner Mann, glaubte festgestellt zu haben, dass jemand bei sehr häufiger Wiederholung beider Wetten etwa gleich oft gewinnt wie verliert. Zudem vermutete er aus seiner Erfahrung, dass die Gewinnchancen bei der zweiten Wette etwas kleiner seien als bei der ersten. Es gelang B. Pascal, diese Fragen aufgrund mathematischer Überlegungen zu beantworten.

Im gleichen Briefwechsel wurde auch die folgende Frage erörtert:
Zwei Spieler werfen abwechselnd eine Münze. Der erste Spieler erhält einen Punkt, wenn »Wappen« oben liegt, der zweite bei oben liegender »Zahl«. Den gesamten Einsatz gewonnen hat der Spieler, der zuerst fünf Punkte erreicht hat. Nun muss ein Spiel bei folgendem Punktestand wegen eines unvorhergesehenen Ereignisses abgebrochen werden:
1. Spieler: 4 Punkte, 2. Spieler: 3 Punkte.

Wie ist der Einsatz gerecht zu verteilen?

Man könnte die folgenden Überlegungen anstellen:

1) Der Einsatz ist im Verhältnis der erreichten Punkte zu verteilen, also wie 4 : 3.

2) Der Einsatz ist im Verhältnis der noch zum Sieg nötigen Punkte (des Gegenspielers) zu verteilen, also wie 2 : 1.

Pascal wies nach, dass beide Überlegungen falsch sind.

Die mathematische Behandlung von Zufallsversuchen ist heute aber nicht nur im Rahmen von Glücksspielen interessant. In nahezu allen Bereichen des täglichen Lebens werden Erhebungen gemacht und Messungen durchgeführt, in der Technik, in den Naturwissenschaften, in der Medizin, in der Marktforschung, im Verkehrswesen usw.

Beispiel 1
Vor einer Bundestagswahl wird das Wählerverhalten untersucht. 4000 »zufällig« ausgewählten Personen wird die so genannte Sonntagsfrage gestellt: »Wen würden Sie wählen, wenn die Wahl am kommenden Sonntag stattfinden würde?«

Diese Befragung ist ein Zufallsversuch in dem Sinne, dass man die Antwort jeder befragten Person hier nicht vorhersehen kann, obwohl die betreffende Person natürlich nicht zufällig eine bestimmte Partei oder einen bestimmten Kandidaten wählt.

Beispiel 2
An einer Straßenkreuzung wird zur Ermittlung der optimalen Ampeleinstellung gezählt, wie viele Autos pro Minute in jeder Richtung die Kreuzung befahren.

Auch hier kann man von einem Zufallsversuch sprechen, da zwar jeder Autofahrer gute Gründe hat, die Kreuzung genau in dem betreffenden Moment in der registrierten Richtung zu befahren, jedoch der Erheber nie vorhersehen kann, wie sich in der nächsten Minute das Verkehrsaufkommen gestaltet.

Bei jeder Durchführung eines Zufallsversuchs erhält man jeweils eine Menge von Daten, die es zu beschreiben und dann zu analysieren gilt. Trotz der großen Vielfalt der Probleme lassen die zu ihrer Bearbeitung durchgeführten Experimente eine gemeinsame mathematische Behandlung zu.

Wir betrachten weitere Beispiele:

Beispiel 3
»Würfeln« ist ein Versuch, der sechs verschiedene Ausgänge haben kann, nämlich »1«, »2«, »3«, »4«, »5« oder »6«. Das Ergebnis eines einzelnen Wurfes kann man nicht mit Sicherheit voraussagen, man sagt, das Experiment hängt vom Zufall ab. Man nennt den Ausgang eines

Versuchs, also das Würfeln einer Zahl, ein **Ergebnis** und bezeichnet Ergebnisse mit dem kleinen griechischen Buchstaben Omega, also mit ω_1, ω_2 usw. Alle möglichen Ergebnisse ω_i dieses Zufallsexperiments fasst man in einer Menge zusammen, genannt die **Ergebnismenge** dieses Zufallsexperiments, bezeichnet mit einem großen Omega: $\Omega = \{1, 2, 3, 4, 5, 6\}$. Manchmal ist es zweckmäßig, alle möglichen Ergebnisse in einem **Ergebnisbaum** darzustellen (s. Abbildung 1.1).

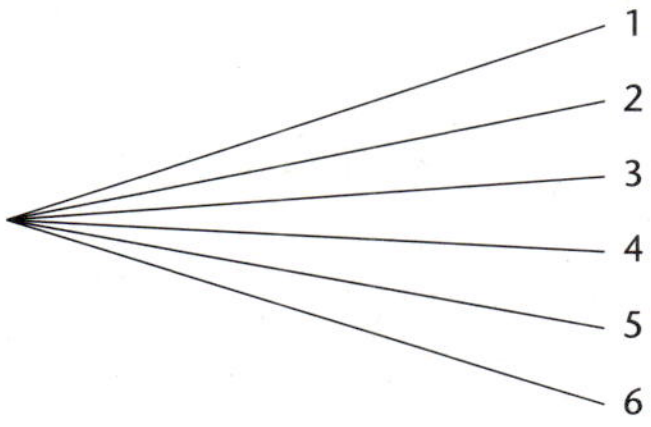

Abbildung 1.1

Beispiel 4

Auch das Werfen einer Münze ist ein Experiment, dessen Ausgang nicht vorhergesagt werden kann, also wieder vom Zufall abhängt. Dieses Zufallsexperiment hat zwei mögliche Ausgänge (sieht man davon ab, dass eine Münze auf dem Rand stehen bleibt): die Ergebnisse ω_1: »Wappen«, abgekürzt mit W, und ω_2: »Zahl«, abgekürzt mit Z.

Die zugehörige Ergebnismenge ist also $\Omega = \{\omega_1, \omega_2\} = \{W, Z\}$. Der Ergebnisbaum ist in Abbildung 1.2 dargestellt.

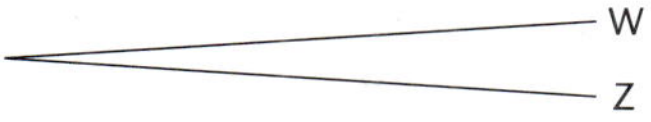

Abbildung 1.2

Beispiel 5

In einer Urne befinden sich drei rote, vier schwarze und eine gelbe Kugel (s. Abbildung 1.3). Man zieht, ohne hinzusehen, eine Kugel daraus. Mögliche Ergebnisse sind hier: Ziehen einer roten Kugel ($\omega_1 = R$), Ziehen einer schwarzen Kugel ($\omega_2 = S$) oder Ziehen einer gelben Kugel ($\omega_3 = G$). Die zugehörige Ergebnismenge ist dann $\Omega = \{R, S, G\}$; der zugehörige Ergebnisbaum ist in Abbildung 1.4 dargestellt.

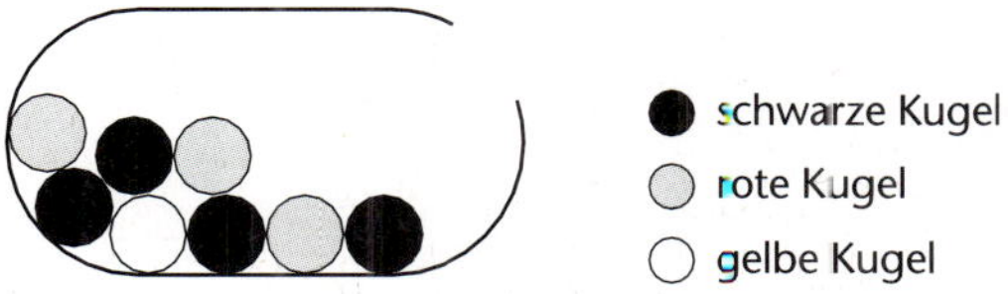

Abbildung 1.3

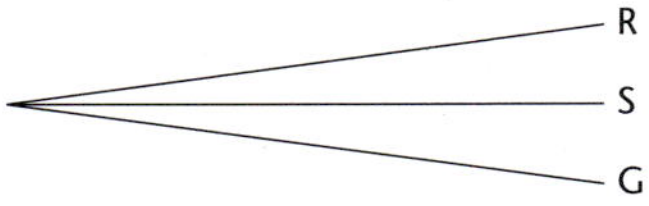

Abbildung 1.4

Beispiel 6

Auf einem Glücksrad (s. Abbildung 1.5) befinden sich die Zahlen 1 bis 6; dreht man das Rad, so zeigt ein Zeiger genau auf eine Zahl. Die zugehörige Ergebnismenge hier ist $\Omega = \{1, 2, 3, 4, 5, 6\}$.

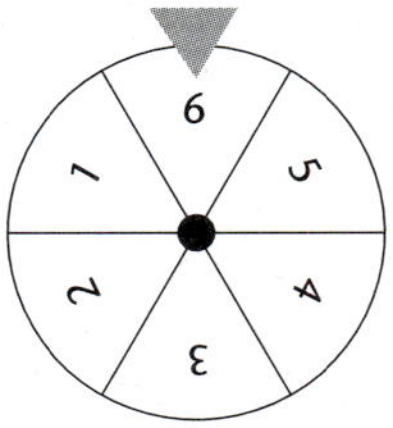

Abbildung 1.5

Beispiel 7

In der Fabrikation von Nägeln wird in der Kontrollstation dem Fließband ein Nagel entnommen, seine Länge gemessen, notiert und der Nagel dann auf die Fertigungsstraße zurückgelegt. Da zur Überwachung der Fertigung die genaue Länge des einzelnen Nagels nicht benötigt wird, erfolgt hier eine Klasseneinteilung der gemessenen Längen L, für 12″-Nägel (1″ = 1 Zoll = 25,40 mm) beispielsweise so:

ω_1: $L \leq 30{,}2$ cm
ω_2: $30{,}2\text{ cm} < L \leq 30{,}4$ cm
ω_3: $30{,}4\text{ cm} < L \leq 30{,}6$ cm
ω_4: $30{,}6\text{ cm} < L \leq 30{,}8$ cm
ω_5: $30{,}8\text{ cm} < L$

Wir fassen zusammen:

Für einen Zufallsversuch gelten folgende Aussagen:

1) Ein Zufallsexperiment kann verschiedene Ausfälle (Ausgänge) haben; wir bezeichnen diese mit ω_1, ω_2 usw. und nennen sie Ergebnisse.

2) Der Ausfall eines Zufallsexperimentes kann nicht mit Sicherheit vorausgesagt werden.

Zur Beschreibung eines Zufallsversuchs genügt nicht die Angabe des »Mediums«, mit dem es durchgeführt wird; es ist auch die Angabe dessen notwendig, was man beobachten will, also die Beschreibung der Ergebnismenge.

Beispiel 8

Zu Beginn eines »Mensch-ärgere-dich-nicht«-Spiels benötigt man eine »Sechs«, um ins Spiel zu kommen, im weiteren Verlauf des Spiels wird jede gewürfelte Zahl wichtig. Während also im weiteren Verlauf des Spiels Zufallsexperimente wie in Beispiel 3 durchgeführt werden, ist das Zufallsexperiment zu Beginn des Spieles ein anderes. Hier wird zwar auch gewürfelt, jedoch interessieren nur die Ausfälle »Sechs« und »Nicht-Sechs«; die Ergebnismenge ist hier also $\Omega = \{6, \text{nicht } 6\}$.

Eine zur weiteren mathematischen Beschreibung wichtige Erkenntnis ist also:

> Einem Zufallsversuch lässt sich eine Menge zuordnen, die **Ergebnismenge** des Zufallsversuchs.
> Diese bezeichnen wir mit Ω. Die Elemente von Ω stellen die möglichen Ergebnisse des Zufallsversuchs dar.

Beispiel 9

Aus einer Urne mit vier roten und zwei schwarzen Kugeln werden zwei Kugeln ohne Hinsehen gezogen.

Diesen Zufallsversuch kann man auf zwei verschiedene Arten durchführen:

a) Man zieht mit zwei Händen und
b) man zieht mit einer Hand.

Im ersten Fall **a)** gibt es die Ergebnisse:

»beide Kugeln rot«	$\omega_1 = rr$
»rechte Kugel rot, linke schwarz«	$\omega_2 = sr$
»rechte Kugel schwarz, linke rot«	$\omega_3 = rs$
»beide Kugeln schwarz«	$\omega_4 = ss$

Die Ergebnismenge ist also $\Omega = \{\omega_1, \omega_2, \omega_3, \omega_4\}$.

Im Fall **b)** kann man nur nach der Farbe unterscheiden, die Ergebnismenge besteht nur aus drei Elementen: $\Omega = \{\omega_1, \omega_2, \omega_3\}$, wobei gilt:
ω_1: »beide Kugeln rot«
ω_2: »eine Kugel rot, die andere schwarz«
ω_3: »beide Kugeln schwarz«

In beiden Fällen ist der Zufallsversuch allein durch die Angabe der Ergebnismenge näher charakterisiert.

1.2 Ergebnismengen mehrstufiger Zufallsexperimente

Es gibt Versuche, die sich aus mehreren Teilversuchen zusammensetzen; ein solcher Zufallsversuch ist der, der der ersten Frage des Herrn Chevalier de Méré zugrunde lag: Es ging doch darum, ob beim viermaligen Würfeln eine »Sechs« fällt.

Beispiel 10

Die einzelnen Ergebnisse dieses Zufallsversuchs werden im Allgemeinen in der Form (i, j, k, l) angegeben, wobei i die im 1. Wurf gewürfelte Zahl ist, j die im 2. Wurf gefallene Zahl, k und l entsprechend die Ergebnisse des 3. bzw. 4. Teilversuchs. Die Ergebnismenge dieses Zufallsversuchs umfasst 1296 Ergebnisse. Zum systematischen Erfassen dieser Ergebnismenge bedient man sich wieder eines Ergebnisbaumes, der hier auszugsweise dargestellt ist:

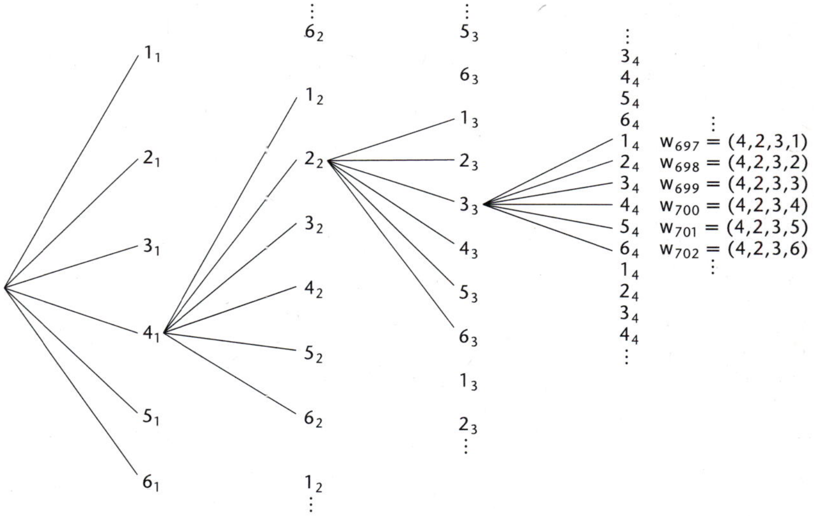

Abbildung 1.6

Hier verwenden wir die abkürzende Schreibweise 4_1 für das Teilergebnis »Würfeln einer 4 im 1. Teilversuch«, also für alle Ergebnisse (4, j, k, l) aus dem Zufallsversuch des Herrn Chevalier de Méré. Entsprechend steht 3_3 für $\{(i, j, 3, l) \mid 1 \leq i, j, l \leq 6\}$. Alle Ergebnisse können dann systematisch neben dem Ergebnisbaum notiert werden.

Dieser Ergebnisbaum ist schon recht umfangreich. Lassen Sie uns deswegen zunächst etwas einfachere Zufallsversuche betrachten, die ebenfalls aus mehreren Teilversuchen zusammengesetzt sind.

Beispiel 11

Folgendes Spiel soll gespielt werden: Jeder Mitspieler wirft zunächst einen Würfel, dann eine Münze. Gewonnen hat derjenige, der die größte Zahl gewürfelt hat. Im Falle der Gleichheit gewinnt derjenige, der beim Münzwurf eine Zahl geworfen hat. Gibt es noch keinen Sieger, wird der Einsatz im nächsten Spiel verteilt. Wie sieht die Ergebnismenge in diesem Beispiel aus? Auch dieses ist am Ergebnisbaum einfach klarzumachen:

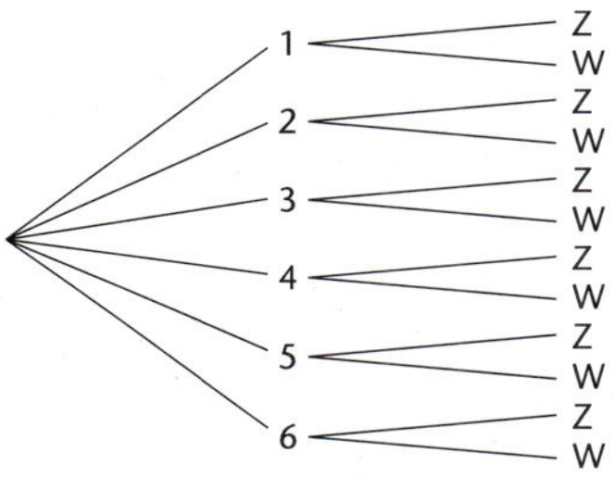

$w_1 = (1, Z)$
$w_2 = (1, W)$
$w_3 = (2, Z)$
$w_4 = (2, W)$
$w_5 = (3, Z)$
$w_6 = (3, W)$
$w_7 = (4, Z)$
$w_8 = (4, W)$
$w_9 = (5, Z)$
$w_{10} = (5, W)$
$w_{11} = (6, Z)$
$w_{12} = (6, W)$

Abbildung 1.7

Hier können wir auf die Indizierung verzichten: Z bedeutet, dass das Ergebnis des zweiten Teilversuchs »Zahl« ist: Z steht für die Menge aller Ergebnisse (n, Z), wobei n eine beliebige, im ersten Teilversuch gewürfelte Zahl ist: $Z = \{(n, Z) \mid 1 \leq n \leq 6\}$. Die Ergebnismenge ist hier $\Omega = \{(1, Z), (1, W), (2, Z), \ldots, (6, W)\}$. Man sieht, dass die möglichen Ergebnisse Paare (n, E) sind, wobei gilt: $n \in M_1 = \{1, 2, 3, 4, 5, 6\}$ und $E \in M_2 = \{Z, W\}$. Die Menge dieser Paare (n, E) nennt man **Kreuzprodukt** (oder **kartesisches Produkt**) der Mengen M_1 und M_2: $\Omega = M_1 \times M_2 = \{1, 2, 3, 4, 5, 6\} \times \{Z, W\}$.

Das Zufallsexperiment des Chevaliers de Méré aus dem Einführungsbeispiel lässt sich zusammengesetzt denken aus vier Teilversuchen: Viermal wird hier ein Würfel geworfen. Die Ergebnismenge dieses Zufallsversuchs kann beschrieben werden als

$$\Omega = \{1, 2, 3, 4, 5, 6\} \times \{1, 2, 3, 4, 5, 6\} \times \{1, 2, 3, 4, 5, 6\} \times \{1, 2, 3, 4, 5, 6\},$$

also als Menge aller Vierertupel (n_1, n_2, n_3, n_4) mit $n_i \in \{1, 2, 3, 4, 5, 6\}$.

Man sagt allgemein:

Sind $V_1, V_2, \ldots, V_k$ Zufallsversuche mit den Ergebnismengen $\Omega_1, \Omega_2, \ldots, \Omega_k$, so heißt ein Zufallsversuch aus diesen Teilversuchen zusammengesetzt, wenn seine Ergebnismenge eine Teilmenge des **Kreuzprodukts** $\boldsymbol{\Omega_1 \times \Omega_2 \times \ldots \times \Omega_k}$ ist. Man nennt einen solchen Zufallsversuch auch einen **k-stufigen Zufallsversuch.**

Ein Zufallsexperiment heißt also »zweistufig«, »dreistufig«, allgemein »k-stufig« genau dann, wenn seine Ergebnisse durch Paare, Tripel, allgemein k-Tupel beschrieben werden können.

Wir wollen einige typische Beispiele für mehrstufige Zufallsversuche betrachten:

Beispiel 12

(Ziehen **mit** Zurücklegen **mit** Berücksichtigung der Reihenfolge)
In einer Urne (s. Abbildung 1.8) befinden sich drei nummerierte Kugeln. Es wird eine Kugel gezogen, deren Wert aufgeschrieben und die Kugel dann in die Urne zurückgelegt. Dieser Vorgang wiederholt sich ein zweites Mal.

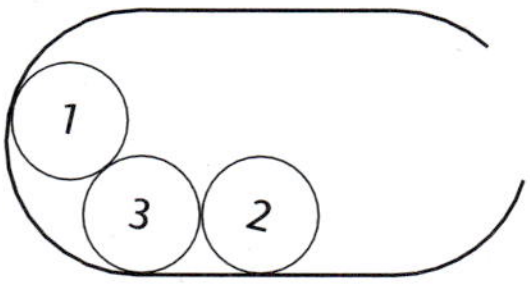

Abbildung 1.8

Der vollständige Ergebnisbaum zu diesem Zufallsexperiment sieht so aus:

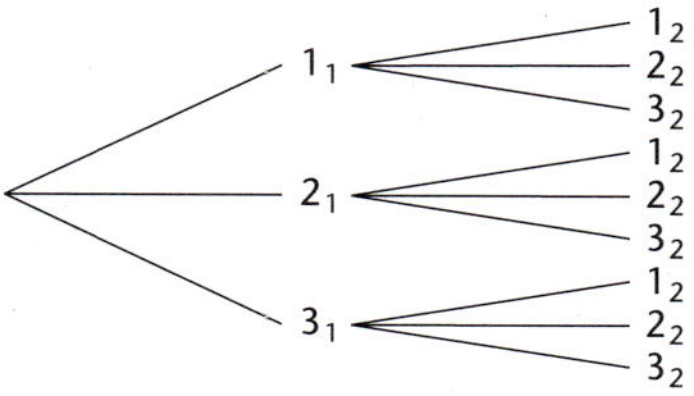

$w_1 = (1, 1)$
$w_2 = (1, 2)$
$w_3 = (1, 3)$
$w_4 = (2, 1)$
$w_5 = (2, 2)$
$w_6 = (2, 3)$
$w_7 = (3, 1)$
$w_8 = (3, 2)$
$w_9 = (3, 3)$

Abbildung 1.9

Beispiel 13

(Ziehen **ohne** Zurücklegen **mit** Beachtung der Reihenfolge)
Das Experiment aus Beispiel 12 wird wiederholt mit dem Unterschied, dass die Kugeln nach dem Ziehen nicht wieder zurückgelegt werden. Dafür sieht der vollständige Ergebnisbaum dann so aus:

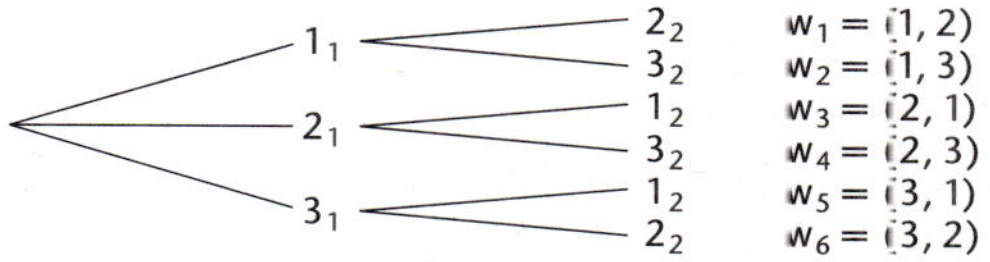

Abbildung 1.10

Beim Zahlenlotto »6 aus 49« werden sechs Kugeln aus einer Urne mit 49 bezifferten Kugeln ohne Zurücklegen gezogen; insofern entspricht dieses Zufallsexperiment dem in Beispiel 13. Jedoch kommt es beim Zahlenlotto nicht auf die Reihenfolge der Ziehung an; hierin unterscheidet es sich vom Beispiel 13. Übertragen auf unser Urnenmodell aus Beispiel 12 ergibt sich ein Zahlenlotto »2 aus 3«.

Beispiel 14

(Ziehen **ohne** Zurücklegen **ohne** Beachtung der Reihenfolge)
Aus der Urne mit drei nummerierten Kugeln werden nacheinander zwei Kugeln ohne Zurücklegen gezogen. Es wird notiert, welche beiden Kugeln gezogen wurden, ohne die Reihenfolge zu beachten. Man gewinnt aus dem Ergebnisbaum aus Beispiel 13 leicht die Ergebnismenge: (1, 2) und (2, 1) aus Beispiel 13 sind hier das gleiche Ergebnis, was wir durch die Menge {1, 2} beschreiben wollen. Die Ergebnismenge ist bei diesem Zufallsversuch $\Omega = \{\{1, 2\}, \{1, 3\}, \{2, 3\}\}$.

1.3 Ereignisraum eines Zufallsversuchs

Bisher haben wir nur Einzelergebnisse eines Zufallsversuchs betrachtet. Man interessiert sich bei der Untersuchung von Zufallsversuchen nicht nur für diese, sondern auch für Ereignisse, die durch das Eintreten verschiedener Ergebnisse bestätigt werden.

Eine besondere Form des Glücksrades wird beim Roulettespiel verwendet. Abbildung 1.11 zeigt das Rad, Abbildung 1.12 den Tisch des Roulettespiels.

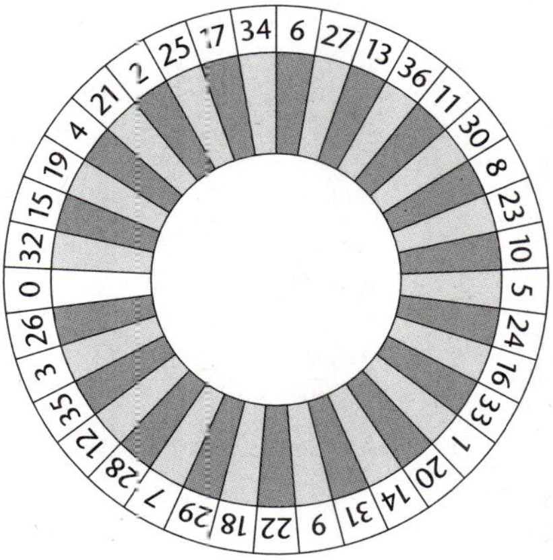

Abbildung 1.11

Die Ergebnismenge des Zufallsexperimentes »Roulettespiel« ist $\Omega = \{0, 1, 2, 3, \ldots, 35, 36\}$.

Ein Spieler setzt seinen Chip auf das Spielfeld »Ungerade«. Er gewinnt also, wenn die Kugel bei einer ungeraden Zahl liegen bleibt. Die ungeraden Zahlen bilden eine Teilmenge E der Ergebnismenge des Roulettespiels: $E = \{1, 3, 5, \ldots, 35\}$. Der Spieler hofft, dass das Ereignis E »Fallen einer ungeraden Zahl« eintritt.

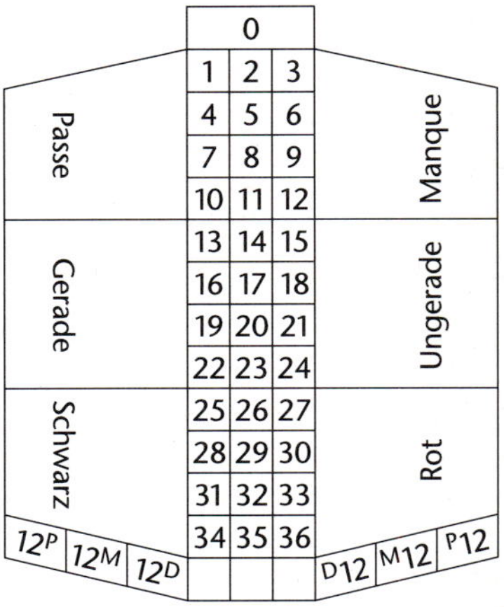

Abbildung 1.12

Ein zweiter Spieler setzt seinen Chip auf das Feld »12p«; er erwartet das Fallen einer Zahl aus dem ersten Dutzend. Hier wird auf den Eintritt des Ereignisses $E_1 = \{1, 2, \ldots, 12\}$ gesetzt.

Zur mathematischen Beschreibung der Untersuchung von Zufallsexperimenten erweist sich also die Mengenschreibweise als sehr geeignet, insbesondere wenn es nicht nur um einzelne Ergebnisse eines Zufallsexperimentes geht, sondern wenn man sich für Ereignisse interessiert, deren Eintreten vom Eintreten anderer Ereignisse abhängen. Deswegen definiert man:

Definition 1.1

Unter einem **Ereignis** E eines Zufallsexperimentes mit der Ergebnismenge Ω versteht man eine Teilmenge von Ω:
$E \subseteq \Omega$.
Man sagt: Das Ereignis E ist eingetreten, wenn der Ausfall des Zufallsversuchs, also das Ergebnis ω, ein Element von E ist. Die Menge aller Ereignisse nennt man **Ereignisraum.**

Beispiel 15

Einem »Mensch-ärgere-dich-nicht«-Spieler aus Beispiel 8, der ins Spiel kommen will, ist nun eine andere Möglichkeit gegeben, seine Situation mit mathematischen Begriffen zu beschreiben: Er hofft auf den Eintritt des Ereignisses $E = \{6\}$, das Ereignis $\overline{E} = \{1, 2, 3, 4, 5\}$ ist für ihn ungünstig.

Beispiel 16

Ein Roulettespieler, der auf »Ungerade« gesetzt hat, wünscht den Ausfall des Ereignisses $E = \{1, 3, \dots, 35\}$ und verliert seinen Einsatz bei Eintritt des Ereignisses $\overline{E} = \{0, 2, 4, \dots, 36\}$. Solche Ereignisse, die jeweils entgegengesetzt sind in der Bedeutung »Wenn E eintritt, dann tritt $\overline{E}$ nicht ein« oder auch »Wenn $\overline{E}$ eintritt, dann tritt E nicht ein«, nennt man **Gegenereignisse.** $\overline{E}$ umfasst dann alle Ergebnisse ω aus der Ergebnismenge Ω des Zufallsversuchs, die nicht in E sind; $\overline{E}$ ist also die Restmenge $\overline{E} = \Omega \setminus E$.

Definition 1.2

Unter dem **Gegenereignis zum Ereignis E** eines Zufallsexperiments versteht man das Ereignis:

$$\overline{E} = \Omega \setminus E.$$

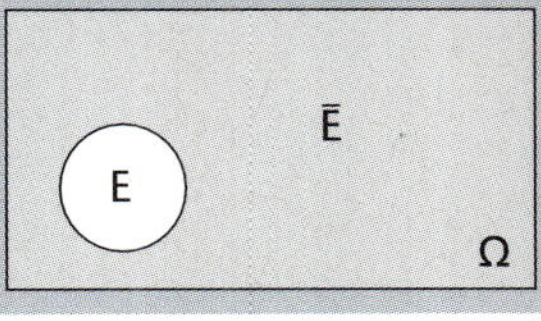

Abbildung 1.13

Beispiel 17

Ein Spieler setzt beim Roulettespiel einen Chip auf »Ungerade« und einen weiteren Chip auf »12p«.

In die mengentheoretische Schreibweise der obigen Definition 1.1 umgesetzt: Es werden die Ereignisse $E_1 = \{1, 3, 5, \dots, 35\}$ und $E_2 = \{1, 2, \dots, 12\}$ betrachtet.

Besonders günstig für den Spieler ist, wenn eine ungerade Zahl aus dem ersten Dutzend fällt, also E_1 **und** E_2 eintreten, weil er dann mit beiden Einsätzen gewinnt.

Wieder mengentheoretisch ausgedrückt: Er hofft auf das Ereignis $E = \{1, 3, 5, 7, 9, 11\}$, die Schnittmenge der beiden ursprünglichen Ereignisse: $E = E_1 \cap E_2$.

Definition 1.3

Sind E_1 und E_2 Ereignisse desselben Zufallsexperiments, dann versteht man unter dem Ereignis E **»E_1 und E_2«** die Schnittmenge der beiden Ereignisse:

$$E = E_1 \cap E_2.$$

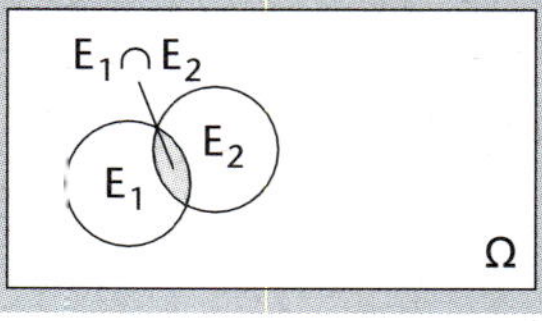

Abbildung 1.14

Beispiel 18

Ein Spieler setzt einen Chip auf »Rot«, einen weiteren Chip auf »Schwarz«. Er kann natürlich nicht erwarten, dass er mit beiden Chips gewinnt; das Fallen einer roten Zahl schließt das Fallen einer schwarzen aus, beide Ereignisse sind unvereinbar.

Mit den Begriffen der Mengentheorie muss man formulieren: Es gibt kein Ergebnis ω, das ein Element in beiden Ereignissen ist, die Schnittmenge beider Ereignisse ist die leere Menge { }.

Definition 1.4

Zwei Ereignisse E_1 und E_2 desselben Zufallsexperiments heißen **unvereinbar** genau dann, wenn gilt:

$$E_1 \cap E_2 = \{\}.$$

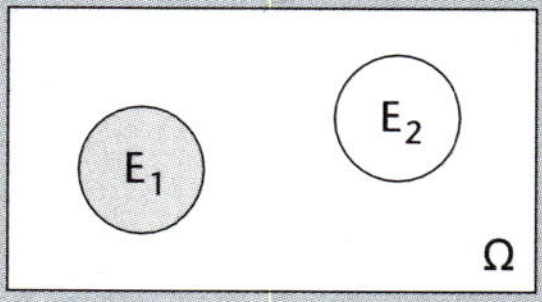

Abbildung 1.15

Aus den Definitionen 1.2 und 1.4 ergibt sich unmittelbar:

Satz 1.1

Gegenereignisse E und $\bar{E}$ sind stets unvereinbar:

$$E \cap \bar{E} = \{\}.$$

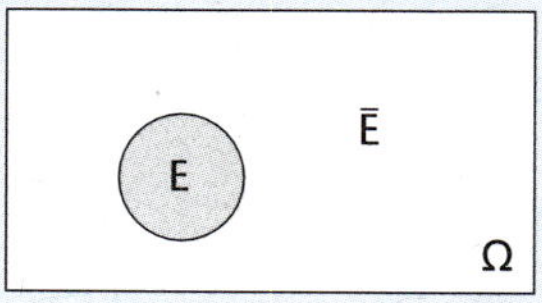

Abbildung 1.16

Beispiel 19

Der Spieler aus Beispiel 17 freut sich natürlich schon, wenn eines der Ereignisse »Ungerade« **oder** »12p« eintritt, gewinnt er dann doch mit wenigstens einem Einsatz.

Günstig für ihn ist also auch schon das Ereignis

$$E = \{1, \ldots, 12, 13, 15, \ldots, 35\} = \{1, \ldots, 12\} \cup \{1, 3, \ldots, 35\},$$

also die Vereinigungsmenge $E = E_1 \cup E_2$ (aus Beispiel 17).

Definition 1.5

Sind E_1 und E_2 Ereignisse desselben Zufallsexperiments, so versteht man unter dem Ereignis E **»E_1 oder E_2«** die Vereinigungsmenge der beiden Ereignisse:

$$E = E_1 \cup E_2.$$

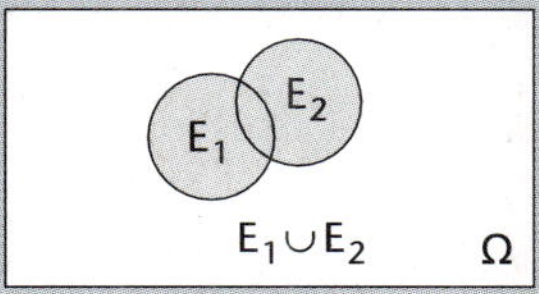

Abbildung 1.17

Wieder ergibt sich unmittelbar:

Satz 1.2

Für Gegenereignisse E und $\bar{E}$ gilt stets:

$$E \cup \bar{E} = \Omega.$$

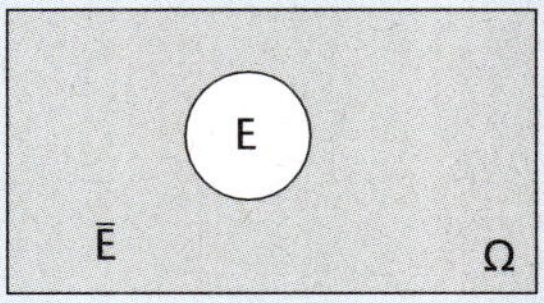

Abbildung 1.18

Mit diesen Definitionen ist es gelungen, für umgangssprachliche Begriffe, die bei Zufallsversuchen verwendet werden, eine mathematische Beschreibung zu finden. Bevor wir diese zusammenfassend darstellen, geben wir noch zur Vervollständigung der Übertragung der Umgangssprache in die mengentheoretische Ausdrucksweise drei weitere nahe liegende Definitionen an.

Definition 1.6

Die Ergebnismenge Ω eines Zufallsexperiments heißt das **sichere Ereignis:**

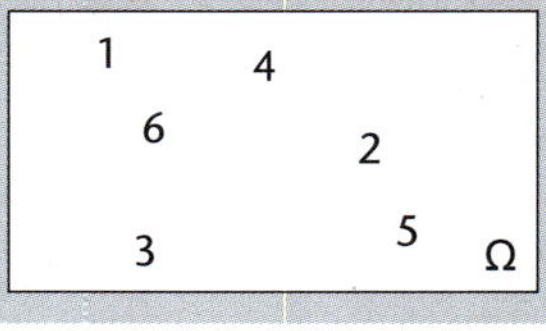

Abbildung 1.19

Definition 1.7

Das Ereignis { } eines Zufallsexperiments heißt das **unmögliche Ereignis:**

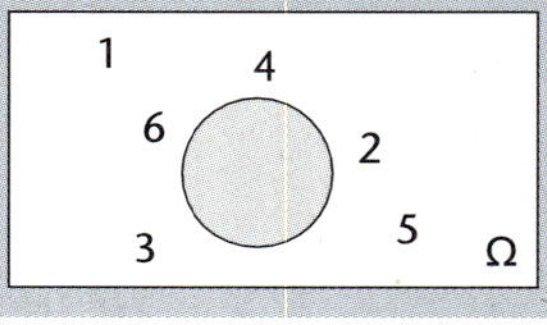

Abbildung 1.20

Definition 1.8

Hat ein Ereignis E = {ω} eines Zufallsexperiments nur ein Element, so nennt man E ein **Elementarereignis:**

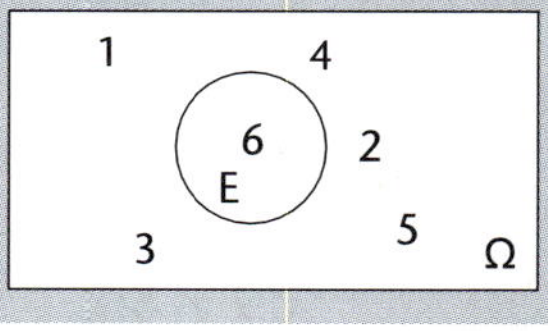

Abbildung 1.21

Anmerkung: Die beiden Definitionen 1.6 und 1.7 geben den beiden »entarteten Teilmengen des Ergebnisraums den Namen, der umgangssprachlich ihrer Bedeutung entspricht. Definition 1.8 wird eingeführt, um die Wahrscheinlichkeitsrechnung stringent mit mengentheoretischen Methoden behandeln zu können. Die Unterscheidung von Ergebnis (Element der Menge) und Elementarereignis (Menge mit einem Ergebnis) ist für die umgangssprachliche Umsetzung der gefundenen Lösungen häufig nicht von Belang: Statt zu sagen: »Das Ereignis {4} ist beim Würfeln eingetreten«, verwendet man die Ausdrucksweise: »Würfeln erbrachte den Ausfall 4«.

Fassen wir zusammen:

Wir hatten einem Zufallsversuch die Ergebnismenge Ω zugeordnet. Nun haben wir neben dem Begriff des Ergebnisses den Begriff des Ereignisses erklärt als Teilmenge von Ω.

Wir ordnen nun einem Zufallsexperiment die Menge aller Ereignisse zu und bezeichnen diese im Folgenden als $\mathcal{A}$.

Für die Elemente von $\mathcal{A}$, das sind Teilmengen von Ω, gilt:

1) $\{\} \in \mathcal{A}$,
2) $\Omega \in \mathcal{A}$,
3) $E \in \mathcal{A} \Rightarrow \bar{E} \in \mathcal{A}$
4) $E_1, E_2 \in \mathcal{A} \Rightarrow E_1 \cap E_2 \in \mathcal{A}$,
5) $E_1, E_2 \in \mathcal{A} \Rightarrow E_1 \cup E_2 \in \mathcal{A}$.

Man nennt ein System von Mengen, das diese fünf Eigenschaften **1)** bis **5)** hat, einen **Ereignisraum** (oder auch eine **Ereignisalgebra** oder **boolesche Algebra**).

Wir haben bei der Herleitung der oben angeführten Definitionen und Sätze gesehen, dass diese Gesetze einer booleschen Algebra gelten für den Ereignisraum, den man erhält durch Identifizierung eines Zufallsversuchs mit der Menge der Teilmengen seiner Ergebnismenge. So kann man natürlich jeden Zufallsversuch, der mit einem Würfel durchgeführt wird, beschreiben durch die Potenzmenge $\mathcal{P}(\Omega)$ der Ergebnismenge $\Omega = \{1, 2, 3, 4, 5, 6\}$, also der Menge aller Teilmengen von Ω:

$$\begin{aligned}\mathcal{P}(\Omega) = \{&(1), (2), \ldots, (6);\\ &(1, 2), (1, 3), \ldots, (5, 6);\\ &(1, 2, 3); (1, 2, 4), \ldots, (4, 5, 6);\\ &(1, 2, 3, 4); (1, 2, 3, 5), \ldots, (3, 4, 5, 6);\\ &(1, 2, 3, 4, 5); (1, 2, 3, 4, 6), \ldots, (2, 3, 4, 5, 6);\\ &(1, 2, 3, 4, 5, 6)\}.\end{aligned}$$

Nicht für jeden Zufallsversuch ist jedoch die Potenzmenge die geeignete Beschreibung.

Beispiel 20

Zwei Kinder würfeln mit einem Würfel einmal. Das erste Kind gewinnt, wenn eine gerade Zahl fällt, das zweite Kind gewinnt, wenn eine ungerade Zahl fällt.

Hier werden die Ereignisse $E_1 = \{2, 4, 6\}$ und $E_2 = \{1, 3, 5\}$ betrachtet. Die adäquate Beschreibung dieses Zufallsversuchs ist die Ereignisalgebra $\mathcal{A}$ mit den Elementen $\{\}$, E_1, E_2 und $\Omega = \{1, 2, 3, 4, 5, 6\}$, nicht die oben angegebene Potenzmenge $\mathcal{P}(\Omega)$.

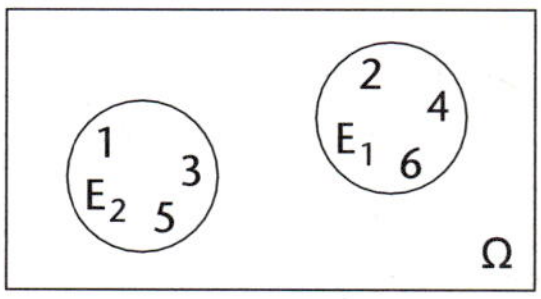

Abbildung 1.22

Tabellarische Übersicht:

umgangssprachlich bei Zufallsversuchen	Entsprechung in der Wahrscheinlichkeitstheorie	Entsprechung in der Mengenlehre	Venn-Diagramm	vgl.
Zufallsversuch	Ereignisraum $\mathcal{A}$	Menge von Teilmengen der Ergebnismenge Ω	–	Definition 1.1
Ereignis E	Element E von $\mathcal{A}$	Teilmenge E von Ω	–	Definition 1.1
Gegenereignis $\bar{E}$ zum Ereignis E	Element $\bar{E}$ von $\mathcal{A}$	Restmenge $\bar{E}$ bzgl. Ω der Teilmenge E	Abbildung 1.13	Definition 1.2
Ausfall eines Zufallsversuchs	Elementarereignis $\{\omega\}$	Teilmenge von Ω mit nur einem Ergebnis	Abbildung 1.21	Definition 1.8
sicheres Ereignis	sicheres Ereignis	Ergebnismenge Ω	Abbildung 1.19	Definition 1.6
unmögliches Ereignis	unmögliches Ereignis	leere Menge $\{\}$	Abbildung 1.20	Definition 1.7
Ereignis E_1 und E_2	Ereignis E_1 und E_2	Schnittmenge $E_1 \cap E_2$	Abbildung 1.14	Definition 1.3
Ereignis E_1 oder E_2	Ereignis E_1 oder E_2	Vereinigungsmenge $E_1 \cup E_2$	Abbildung 1.17	Definition 1.5
unvereinbare Ereignisse E_1 und E_2	unvereinbare Ereignisse E_1 und E_2	leere Schnittmenge $E_1 \cap E_2 = \{\}$	Abbildung 1.15	Definition 1.4

1.4 Absolute und relative Häufigkeiten

Im Beispiel 7 wurde schon das Problem der Fertigungsüberwachung angesprochen. Der Mitarbeiter in der Qualitätskontrolle entnimmt beispielsweise 1000 Nägel und notiert die Messergebnisse in einer Liste:

Nummer des herausgegriffenen Nagels	1	2	3	4	5	6	...
gemessene Länge (in cm)	30,53	30,41	30,67	30,58	30,55	30,39	...

Man sagt: Hier wird eine **Stichprobe vom Umfang 1000** betrachtet. Die ausgefüllte Liste nennt man **Urliste** dieser Stichprobe.

Aufgabe der Statistik ist es, Methoden zu entwickeln, die es erlauben, aus einer solchen Stichprobe Schlüsse auf die Beschaffenheit der Grundgesamtheit zu ziehen. Die Grundgesamtheit ist die Menge aller bei der betreffenden statistischen Untersuchung infrage kommenden Merkmalsträger. Im obigen Beispiel wäre die Grundgesamtheit die Menge aller in einem bestimmten Zeitraum produzierten Nägel.

Zunächst ist es notwendig, die für diese Methoden notwendigen Grundbegriffe einzuführen. Dazu betrachten wir ein weiteres Beispiel.

Beispiel 21

Das Zufallsexperiment »Würfeln« wurde 600-mal durchgeführt und die Ergebnisse in folgender Tabelle (von links nach rechts) aufgeschrieben:

2 6 1 6 5 1 6 2 2 5	6 1 2 3 3 2 6 5 4 6	1 1 1 5 3 6 4 4 5 2
6 3 3 6 4 5 4 1 6 2	6 2 2 3 2 1 4 2 3 6	4 3 1 6 1 5 1 6 5 4
6 5 2 3 2 3 6 1 2 6	1 3 4 6 5 3 6 6 5 5	3 3 2 6 5 6 5 5 4 3
6 5 3 1 4 1 1 1 3 3	5 4 5 6 5 3 2 2 3 1	2 1 3 6 3 6 4 2 3 5
6 6 2 4 2 3 6 4 3 5	2 2 6 3 5 3 2 5 5 3	3 3 4 5 5 3 3 1 2 5
4 5 4 3 3 5 4 6 2 1	1 4 3 4 2 3 4 5 5 4	3 5 3 3 2 5 2 2 6 5
6 2 6 1 3 5 3 2 4 6	3 2 4 1 1 1 5 6 1 5	1 6 2 2 6 6 3 6 2 6
2 2 2 4 1 2 1 6 5 6	4 4 4 2 5 6 5 4 3 1	3 3 2 1 4 4 2 5 3 1
6 4 6 1 1 3 2 6 4 2	1 4 6 6 2 5 6 3 2 2	4 1 1 6 1 3 2 6 5 4
6 3 6 3 2 3 6 5 5 1	5 2 6 6 6 4 6 6 5 4	3 1 3 2 3 2 4 1 3 4

6 1 5 3 3 6 2 6 5 1	4 6 5 2 4 3 6 5 6 1	1 3 1 3 1 6 3 2 2 5
5 5 2 1 2 4 5 6 3 2	5 3 5 2 5 4 5 1 4 1	5 2 2 3 4 2 4 2 2 6
6 3 3 3 6 4 4 5 6 3	3 6 2 2 3 3 6 5 2 5	3 3 1 3 3 2 5 4 3 5
5 3 6 2 6 4 1 2 3 2	3 5 2 2 4 6 3 5 3 4	3 5 6 1 1 2 5 3 3 5
4 5 1 4 5 5 6 4 2 1	6 1 1 2 5 2 3 6 4 1	2 4 1 6 5 5 6 3 3 4
5 1 6 2 2 2 5 6 6 2	3 6 4 3 5 2 1 4 6 5	6 3 2 6 4 1 5 4 2 4
3 2 6 6 1 2 4 4 3 2	6 3 6 1 5 1 3 4 1 2	2 2 6 5 6 2 1 6 4 6
2 2 5 3 1 1 3 3 1 3	3 6 2 4 5 5 1 5 3 5	3 5 1 6 1 5 3 2 5 2
5 5 6 5 6 5 5 5 6 4	4 6 2 3 6 2 2 6 1 6	3 5 5 3 3 6 1 4 2 2
1 5 2 4 1 5 1 1 1 6	2 3 5 1 5 2 5 1 3 4	4 5 1 5 4 2 2 6 2 3

Auch hier handelt es sich um ein Stichprobe.

In der Umgangssprache versteht man unter einer Stichprobe das zufällige Herausgreifen eines Elementes oder einiger Elemente aus einer Menge von Gegenständen, in der ein bestimmtes Merkmal oder eine bestimmte Eigenschaft untersucht wird, eben aus der Grundgesamtheit. Die Liste des Würfelwurfs kann man sich ebenfalls durch ein Herausgreifen aus einer Grundgesamtheit zustande gekommen denken, nämlich aus der (unendlichen) Menge aller möglichen Ergebnisse, die sich bei fortwährendem Würfelwurf ergibt. Die 600 Zahlen stellen also eine Urliste einer Stichprobe vom Umfang 600 des Zufallsexperiments »Würfeln mit einem bestimmten Würfel« dar.

Anhand dieser Stichprobe wollen wir Aufschluss über das Verhalten des Würfels gewinnen, z. B. über die Verteilung der Zahlen 1 bis 6 in der Grundgesamtheit.

Zunächst ist der Urliste zu entnehmen, wie häufig jede Zahl gewürfelt wurde; hierzu ist es zweckmäßig, sich eine **Strichliste** anzulegen.

Ausfall	Strichliste		Anzahl
»1«	卌 卌 卌 |||	...	85 ≈ 14,2%
»2«	卌 卌 卌 卌 |	...	110 ≈ 18,3%
»3«	卌 卌 卌 卌 ||	...	111 ≈ 18,5%
»4«	卌 卌 卌 卌	...	77 ≈ 12,8%
»5«	卌 卌 卌 ||	...	107 ≈ 17,8%
»6«	卌 卌 卌 卌 ||	...	110 ≈ 18,3%

Aus einer solchen Strichliste ist leicht abzulesen, dass z. B. »6« 110-mal gefallen ist. Diese Anzahl nennt man absolute Häufigkeit $H_{600}(6)$ für das Würfeln einer »6« in dieser Stichprobe.

Definition 1.9

Die Zahl, die angibt, wie oft in einer Stichprobe vom Umfang N eines Zufallsexperimentes ein Ergebnis ω vorkommt, heißt die **absolute Häufigkeit des Ergebnisses ω** und wird mit $H_N(\omega)$ bezeichnet.

In Abbildung 1.23 ist die Verteilung der absoluten Häufigkeiten in der Urliste unseres Würfels in Form eines **Stabdiagramms** dargestellt. Hierbei wird über der entsprechenden x-Koordinate für jeden Eintritt eines Ergebnisses ein »Strich« gleicher Länge übereinander aufgetragen. Die Länge der entstehenden »Stäbe« symbolisieren die jeweilige Häufigkeit.

Bei anderen Darstellungsformen entspricht nicht die Länge einer Strecke, sondern der Inhalt einer Teilfläche der durch sie dargestellten Häufigkeit. Gebräuchlich sind noch die Darstellungsformen **Histogramm, Säulendiagramm, Kreisdiagramm** und **Piktogramm,** die wir hier für unseren Würfel angeben:

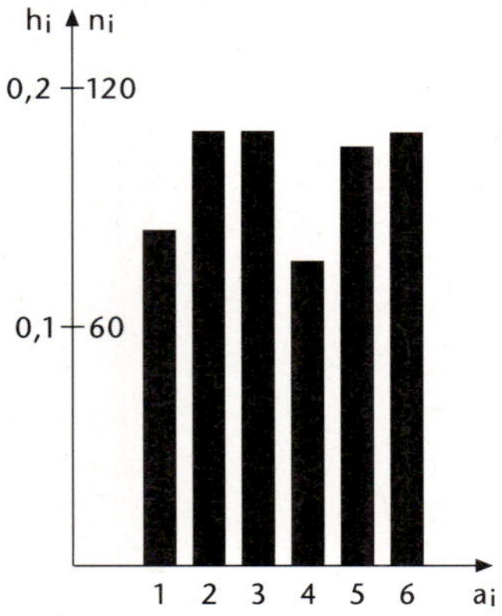

Abbildung 1.23: Stabdiagramm

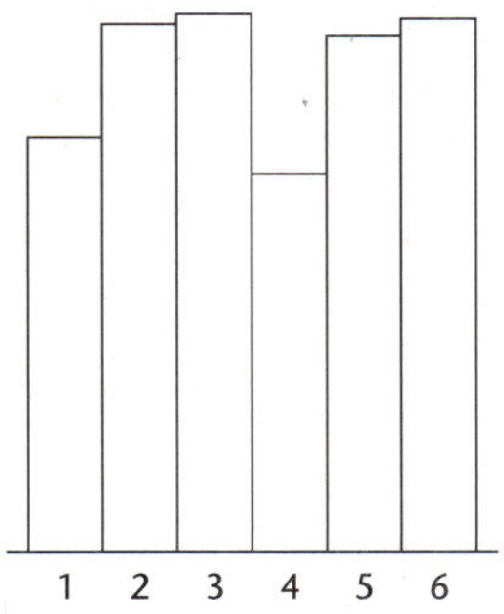

Abbildung 1.24: Histogramm

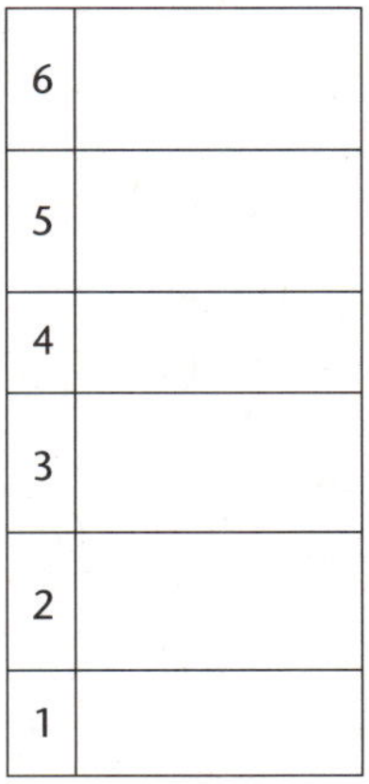

Abbildung 1.25: Säulendiagramm

In einem Piktogramm werden die absoluten Häufigkeiten der einzelnen Ausfälle einer Stichprobe mit bildhaften Darstellungen, die eine Beziehung zu der Grundgesamtheit der Stichprobe versinnbildlichen sollen, verdeutlicht. In Abbildung 1.27 entspricht ein volles Quadrat 10 Würfen.

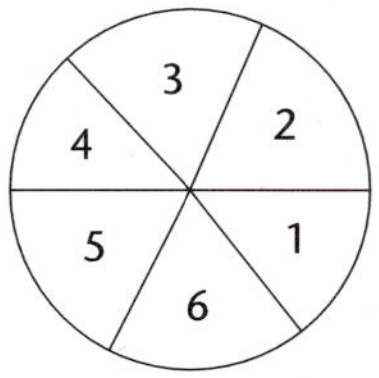

Abbildung 1.26: Kreisdiagramm

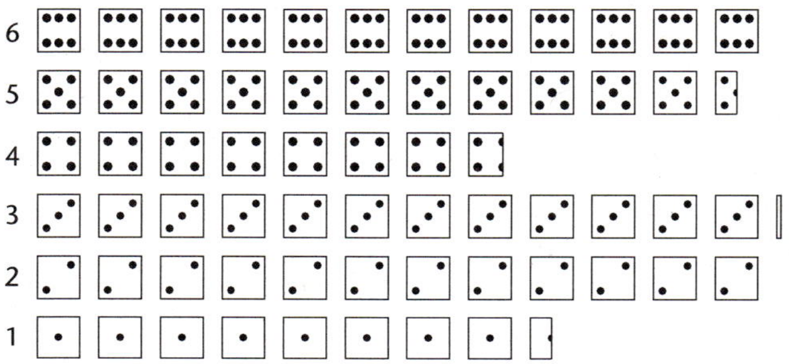

Abbildung 1.27: Piktogramm

Diese Definition ist leicht auf Ereignisse zu übertragen; man denke nur an den in den Beispielen 8 und 15 beschriebenen Anfang des »Mensch-ärgere-dich-nicht«-Spiels: Genauso leicht wie die obige Strichliste ist eine Strichliste für die Ereignisse $E = \{6\}$ und $\overline{E} = \{1, 2, 3, 4, 5, 6\} \backslash \{6\}$ zu erstellen und damit die absolute Häufigkeit für das Würfeln einer »Nicht-Sechs« in der Urliste unseres Würfels zu ermitteln.

Definition 1.10

Die Zahl, die angibt, wie oft in einer Stichprobe eines Zufallsexperimentes ein Ereignis E vorkommt, heißt die **absolute Häufigkeit des Ereignisses E** und wird mit $H_N(E)$ bezeichnet.

Eigentlich hätte man in der zweiten Strichliste nur ein Ereignis auszählen müssen, denn die Summe der beiden absoluten Häufigkeiten $H_{600}(E)$ und $H_{600}(\overline{E})$ müssen sich ja zu 600 (allgemein zum Stichprobenumfang N) addieren, da E und $\overline{E}$ Gegenereignisse sind. Mit dieser Überlegung beweist man den folgenden Satz:

Satz 1.3

Für Gegenereignisse E und $\overline{E}$ eines Zufallsexperimentes in einer Stichprobe vom Umfang N gilt stets:
$H_N(E) + H_N(\overline{E}) = N$,
also auch:
$H_N(E) = N - H_N(\overline{E})$.

Das sichere Ereignis Ω eines Zufallsexperiments muss natürlich mit dem Stichprobenumfang als absolute Häufigkeit auftreten, das unmögliche Ereignis { } kann nicht eintreten:

Satz 1.4

Für das sichere Ereignis Ω eines Zufallsexperiments in einer Stichprobe vom Umfang N gilt:
$H_N(\Omega) = N$.
Für das unmögliche Ereignis { } eines Zufallsexperiments in jeder Stichprobe gilt:
$H_N(\{\}) = 0$.

Ebenso klar ist, dass die absolute Häufigkeit jedes Ereignisses zwischen 0 und dem Stichprobenumfang N liegen muss:

Satz 1.5

Für die absolute Häufigkeit $H_N(E)$ eines Ereignisses E eines Zufallsexperiments in einer Stichprobe vom Umfang N gilt:
$0 \leq H_N(E) \leq N$.

Aus der Kenntnis der absoluten Häufigkeiten, mit denen zwei Ereignisse E_1 und E_2 in einer Stichprobe auftreten, lässt sich die absolute Häufigkeit des Ereignisses »E_1 oder E_2« leicht berechnen. Dazu betrachten wir das folgende Beispiel.

Beispiel 22

Wir betrachten in der Urliste unseres Würfels die absoluten Häufigkeiten für die Ereignisse E_1: »Würfeln einer ungeraden Zahl«, und E_2: »mehr als 2 gewürfelt«.

Es gilt also: $E_1 = \{1, 3, 5\}$ und $E_2 = \{3, 4, 5, 6\}$. Man bestimmt $H_{600}(E_1) = H_{600}(\{1\}) + H_{600}(\{3\}) + H_{600}(\{5\}) = 303$ und genauso $H_{600}(E_2) = 405$. Zur Bestimmung der absoluten Häufigkeit $H_N(E_1 \cup E_2)$ des Ereignisses »E_1 oder E_2« dürfen wir nicht einfach $H_N(E_1)$ und $H_N(E_2)$ addieren, denn dann hätten wir die absoluten Häufigkeiten für die sowohl in E_1 als auch in E_2 vorkommenden Elementarereignisse (hier $\{3\}$ und $\{5\}$) doppelt gezählt (vgl. auch das Mengenbild in Abbildung 1.28).

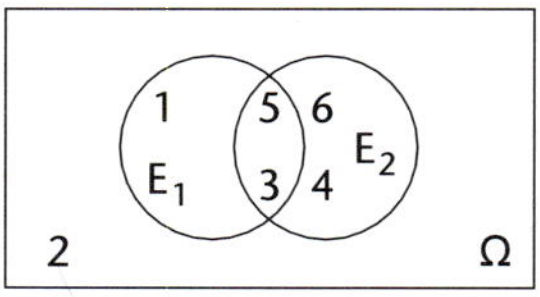

Abbildung 1.28

Um dies zu verhindern, ziehen wir die absoluten Häufigkeiten dieser Ereignisse, also die absolute Häufigkeit des Ereignisses $E_1 \cap E_2 = \{3, 5\}$, von der Summe der beiden absoluten Häufigkeiten für E_1 und E_2 wieder ab:

$$H_N(E_1 \cup E_2) = H_N(E_1) + H_N(E_2) - H_N(E_1 \cap E_2);$$

hier also:

$$H_{600}(E_1 \cup E_2) = 303 + 405 - 218 = 490.$$

Satz 1.6

Für zwei Ereignisse E_1 und E_2 eines Zufallsexperiments in einer Stichprobe gilt:

$$H_N(E_1 \cup E_2) = H_N(E_1) + H_N(E_2) - H_N(E_1 \cap E_2).$$

Ein Spezialfall dieses Satzes ist die Formulierung für zwei unvereinbare Ereignisse, denn deren Schnittmenge ist leer.

Satz 1.7

Für zwei unvereinbare Ereignisse E_1 und E_2 eines Zufallsexperiments in einer Stichprobe gilt:

$$H_N(E_1 \cup E_2) = H_N(E_1) + H_N(E_2).$$

Anmerkungen:

1) Die Einführung des Begriffs »Elementarereignis« in Definition 1.8 gestattet uns hier, auf die besondere Behandlung der **Ergebnisse** von Zufallsexperimenten zu verzichten.

2) Beachten Sie bitte, dass die Aussage dieses letzten Satzes schon in der Berechnung des Beispiels 22 angewendet wurde.

Um zwei verschiedene Stichproben des gleichen Zufallsversuchs miteinander vergleichen zu können, ist der Begriff »absolute Häufigkeit eines Ereignisses« nur dann hilfreich, wenn beide Stichproben den gleichen Umfang haben.

Beispiel 23

In einer Schule wird für die Mathematiknoten des letzten Zeugnisses folgende Häufigkeitsverteilung festgestellt:

a) Klasse 10 a

E	{1}	{2}	{3}	{4}	{5}	{6}
$H_N(E)$	3	2	4	14	2	1

b) Jahrgangstufe 12

E	{1}	{2}	{3}	{4}	{5}	{6}
$H_N(E)$	7	12	28	21	10	3

Hier liegt in **a)** eine Stichprobe vom Umfang $N = 26$, in **b)** eine Stichprobe vom Umfang $N = 81$ des Zufallsversuchs »Verteilung der Mathematiknoten an der betreffenden Schule« vor.

Es ist natürlich völlig falsch zu sagen, dass die Schüler der Jahrgangstufe 12 besser (oder schlechter) in Mathematik abschnitten, nur weil die Anzahl der Schüler mit den Noten »1« und »2« (oder den Noten »5« und »6«) in der Jahrgangstufe 12 größer ist als in der Klasse 10 a. Man muss hier die absoluten Häufigkeiten des Eintretens eines Ereignisses in der jeweiligen Stichprobe in Beziehung setzen zu dem Umfang der jeweiligen Stichprobe. Das geschieht gemeinhin durch die Bildung des Quotienten

$$\frac{\text{absolute Häufigkeit des Ereignisses E}}{\text{Umfang der Stichprobe}},$$

genannt relative Häufigkeit $h_N(E)$ des Ereignisses E.

Definition 1.11

Unter der **relativen Häufigkeit des Ereignisses E** eines Zufallsexperiments in einer Stichprobe vom Umfang N versteht man den Quotienten

$$h_N = (E) = \frac{H_N(E)}{N}.$$

Für das Beispiel 23 ergibt sich mit dieser Definition die in der folgenden Tabelle dargestellte Verteilung der relativen Häufigkeiten (gerundet):

a) Klasse 10a

E	{1}	{2}	{3}	{4}	{5}	{6}
$h_{26}(E)$	0,12	0,08	0,15	0,54	0,08	0,04

b) Jahrgangstufe 12

E	{1}	{2}	{3}	{4}	{5}	{6}
$h_{81}(E)$	0,09	0,15	0,35	0,26	0,12	0,04

Anmerkungen:

1) Auf die besondere Definition der relativen Häufigkeit von Ergebnissen verzichten wir hier, da mit der Definition ja auch Elementarereignisse erfasst sind.

2) Auch die relativen Häufigkeiten alleine können zu Fehlern in der Deutung führen: Die Aussagen »Bei allen Fleischprodukten der Fast-Food-Kette McWimpy ist Geflügel mit der relativen Häufigkeit 0,18 vertreten« und »Der Vorstadtmetzger Heinrich hat eine Marktlücke entdeckt: Er verkauft inzwischen Geflügelfleisch mit einem Anteil von 45 % (also einer relativen Häufigkeit von 0,45)« dürfen nicht zu dem Schluss verleiten, dass Metzger Heinrich nun mehr Geflügelfleisch als McWimpy verkaufe.

Analog den Sätzen 1.3–1.7 kann man Sätze für relative Häufigkeiten von Ereignissen eines Zufallsexperiments in einer Stichprobe vom Umfang N herleiten.

Satz 1.3*

Für Gegenereignisse E und $\bar{E}$ eines Zufallsexperiments in einer Stichprobe vom Umfang N gilt stets:

$h_N(E) + h_N(\bar{E}) = 1$,

also auch: $h_N(E) = 1 - h_N(\bar{E})$.

Beweis: Nach Satz 1.3 gilt für Gegenereignisse E und $\bar{E}$:

$H_N(E) + H_N(\bar{E}) = N$

$$\Leftrightarrow \frac{H_N(E) + H_N(\bar{E})}{N} = \frac{N}{N} \Leftrightarrow \frac{H_N(E)}{N} + \frac{H_N(\bar{E})}{N} = \frac{N}{N} \Leftrightarrow h_N(E) + h_N(\bar{E}) = 1.$$

Nach dem gleichen Prinzip – Rückführung des Rechnens mit relativen Häufigkeiten auf das Rechnen mit den zugehörigen absoluten Häufigkeiten (durch Division durch den Stichprobenumfang N) – beweist man auch die folgenden Sätze.

Satz 1.4*

Für das sichere Ereignis Ω eines Zufallsexperiments in einer Stichprobe vom Umfang N gilt:

$h_N(\Omega) = 1$.

Für das unmögliche Ereignis { } eines Zufallsexperiments in jeder Stichprobe gilt:

$h_N(\{\}) = 0$.

Satz 1.5*

Für die relative Häufigkeit $h_N(E)$ eines Ereignisses E eines Zufallsexperiments in einer Stichprobe vom Umfang N gilt:

$0 \leq h_N(E) \leq 1$.

Satz 1.6*

Für zwei Ereignisse E_1 und E_2 eines Zufallsexperiments in einer Stichprobe gilt:

$h_N(E_1 \cup E_2) = h_N(E_1) + h_N(E_2) - h_N(E_1 \cap E_2)$.

Satz 1.7*

Für zwei unvereinbare Ereignisse E_1 und E_2 eines Zufallsexperiments in einer Stichprobe gilt:

$h_N(E_1 \cup E_2) = h_N(E_1) + h_N(E_2)$.

Die Darstellungsarten für relative Häufigkeiten sind die gleichen, die in den Abbildungen 1.23 bis 1.27 schon angegeben wurden: Man ändert lediglich die Einheit der y-Achse bzw. die Beschriftung der entsprechenden Flächen (schon angegeben in der Abb. 1.23).

Die genaueste Aussage über eine Stichprobe ist die Urliste, jedoch reichen zum Vergleich zweier Stichproben manchmal auch gröbere Aussagen. Deshalb hat die Teildisziplin »Statistik« der Mathematik weitere Hilfsmittel erarbeitet, die den Ausfall einer Stichprobe – für manche Zwecke ausreichend – beschreiben.

Das erste Hilfsmittel ist jedem Schüler bekannt: »Wie ist denn die Durchschnittsnote?«, wird nach jeder Klausur gefragt. Mathematisch ausgedrückt: Welches ist der arithmetische Mittelwert der Stichprobe vom Umfang N des Zufallsexperiments »Vergabe der Mathematiknoten«. für die Klasse 10a (vergleiche Beispiel 23) wird die Durchschnittsnote wie folgt berechnet:

$m = (3 \cdot 1 + 2 \cdot 2 + 4 \cdot 3 + 14 \cdot 4 + 2 \cdot 5 + 1 \cdot 6) : 26 = 3{,}5.$

Allgemein definiert man:

Definition 1.12

Der arithmetische **Mittelwert m** einer Stichprobe vom Umfang N eines Zufallsexperiments mit der Ergebnismenge $\Omega = \{\omega_1, \omega_2, \ldots, \omega_k\}$ $(N \geq K)$ ist die Zahl

$$m = \frac{H_N(\omega_1) \cdot \omega_1 + H_N(\omega_2) \cdot \omega_2 + \ldots + H_N(\omega_K) \cdot \omega_K}{N};$$

$H_N(\omega_i)$ sind die absoluten Häufigkeiten der Elementarereignisse $\{\omega_i\}$.

Anmerkung: Die Formulierung dieser Definition geht davon aus, dass mit den Ergebnissen ω_i gerechnet werden kann, dass also die Merkmalsausprägung quantitativ ist. Sollte dies nicht der Fall sein, muss zunächst eine Abbildung der Ergebnisse ω_i in die Menge der reellen Zahlen betrachtet werden.

Mit der Definition 1.11 der relativen Häufigkeit

$$h_N(\omega_i) = \frac{H_N(\omega_i)}{N}$$

erhält man sofort:

Satz 1.8

Der arithmetische **Mittelwert m** einer Stichprobe vom Umfang N eines Zufallsexperiments mit der Ergebnismenge $\Omega = \{\omega_1, \omega_2, \ldots, \omega_K\}$ $(N \geq K)$ ist die Zahl

$$m = h_N(\omega_1) \cdot \omega_1 + h_N(\omega_2) \cdot \omega_2 + \ldots + h_N(\omega_K) \cdot \omega_K,$$

wobei $h_N(\omega_i)$ die relativen Häufigkeiten der Elementarereignisse $\{\omega_1\}$ sind.

Dieser arithmetische Mittelwert (auch **Durchschnitt** genannt) kann alleine ebenfalls wenig über die Stichprobe aussagen, wie folgendes Beispiel zeigt:

Beispiel 24

In der Klasse 10b der in Beispiel 23 untersuchten Schule erfolgte die unten angegebene Notengebung in Mathematik:

Klasse 10b:

E	{1}	{2}	{3}	{4}	{5}	{6}
$H_{32}(E)$	0	4	11	14	3	0

Die Berechnung des Mittelwertes ergibt hier genau den gleichen Mittelwert ($m = 3{,}5$) wie auch für die Klasse 10a aus Beispiel 23; offensichtlich ist die Leistungsfähigkeit beider Klassen aber völlig unterschiedlich beurteilt worden. In der 10a gibt es mehr gute als auch mehr schlechte Schüler: Die einzelnen Ergebnisse der Schülerleistungen streuen stärker um den Mittelwert 3,5.

Der Mittelwert alleine ist also in der Regel auch kein aussagekräftiges Kriterium zur Bewertung einer Stichprobe:

Man benötigt zusätzlich ein Maß für die Streuung einer Stichprobe um diesen Mittelwert.

Als Maß für die Streuung einer Stichprobe um den Mittelwert kennt man die Varianz.

Definition 1.13

Die **Varianz s^2** einer Stichprobe vom Umfang N um den Mittelwert m eines Zufallsexperiments mit der Ergebnismenge

$\Omega = \{\omega_1, \omega_2, \ldots, \omega_K\}$ $(N \geq K)$

ist gegeben durch

$$s^2 = \frac{1}{N} [H_N(\omega_1) \cdot (\omega_1 - m)^2 + H_N(\omega_2) \cdot (\omega_2 - m)^2 + \ldots + H_N(\omega_K) \cdot (\omega_K - m)^2].$$

Als **Standardabweichung s** bezeichnet man $s = \sqrt{s^2}$.

Beispiel 25

Für die in den Beispielen 23 und 24 betrachteten Notenverteilungen in den Klassen 10 und Jahrgangsstufe 12 ergeben sich folgende Werte:

Klasse/ Jahrgangsstufe	Mittelwert m	Varianz s^2	Standardabweichung s
10a	3,5	≈ 1,48	≈ 1,22
10b	3,5	≈ 0,69	≈ 0,83
12	≈ 3,3	≈ 1,49	≈ 1,22

Die erheblich kleinere Varianz bei der Notenverteilung in der Klasse 10b im Vergleich zu den beiden anderen Klassen spiegelt wider, dass die Noten in dieser Klasse sich dichter um den Mittelwert aller hier erteilten Noten gruppieren. Dies ist in den Stabdiagrammen der Notenverteilungen in den einzelnen Klassen deutlich zu sehen:

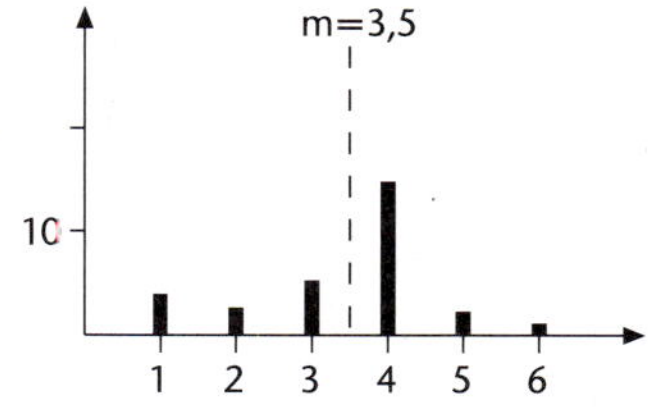

Abbildung 1.29: Klasse 10a

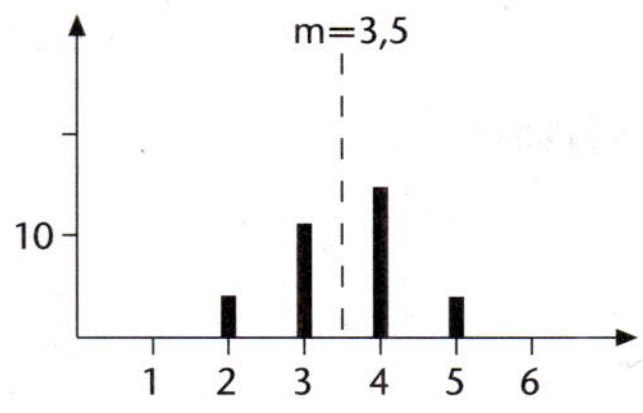

Abbildung 1.30: Klasse 10 b

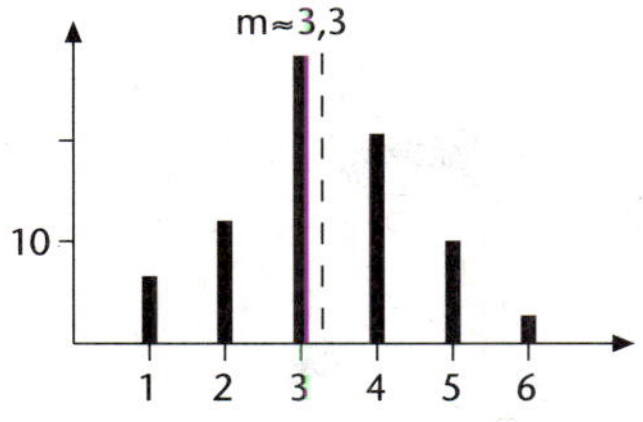

Abbildung 1.31: Jahrgangsstufe 12

Erläuterungen zur Definition 1.13: Es liegt vielleicht nahe, ein Maß für die Streuung der Messwerte um den Mittelwert mithilfe der Abweichung der einzelnen beobachteten Daten vom Mittelwert zu gewinnen.

Versucht man aber, die Summe der Abweichungen der einzelnen Ergebnisse als Beurteilungskriterium heranzuziehen, muss man Schiffbruch erleiden: Diese Summe ist immer 0. Um wirklich ein Maß für die Streuung zu erhalten, müsste man die Absolutbeträge der Abweichungen vom Mittelwert betrachten; dies ist aber rechnerisch nur unbequem zu handhaben (Fallunterscheidungen).

Die unterschiedlichen Vorzeichen dieser Abweichungen vom Mittelwert sind durch Quadrieren in den Griff zu bekommen, was zudem zur Folge hat, dass »Ausreißer«, also stärkere Abweichungen vom Mittelwert, stärker gewichtet werden als nahe beim Mittelwert beobachtete Daten. Um zu verhindern, dass bei zunehmender Zahl der Daten der Stichprobe (häufigerer Durchführung des betrachteten Zufallsexperiments) auch das Maß für die Bewertung der Stichprobe größer wird, dividiert man diese Summe der quadrierten Abstände vom Mittelwert schließlich noch durch den Umfang N der Stichprobe. Das so konstruierte Maß ist die **Varianz der Stichprobe.**

Hat man in der Statistik eine Messreihe von mit Dimensionen versehenen Werten vorliegen (z. B. Zeitangaben in min), so hat die Varianz dieser Stichprobe die Dimension min^2 (es wurde ja quadriert). Für Veranschaulichungen z. B. ist es zweckmäßig, wenn das Streuungsmaß die gleiche Dimension (im Beispiel also min) hat wie die Daten der Stichprobe; deshalb führt man die **Standardabweichung** als Quadratwurzel der Varianz einer Stichprobe ein.

Kapitel 2

Zum Wahrscheinlichkeitsbegriff

2.1 Von der relativen Häufigkeit zur Wahrscheinlichkeit

Im 1. Kapitel haben wir relative Häufigkeiten, mit denen Ereignisse bei wiederholter Durchführung eines Zufallsexperiments auftraten, betrachtet.

Neben dem Begriff der relativen Häufigkeit verwendet man den Begriff der Wahrscheinlichkeit.

Was ist die Wahrscheinlichkeit eines Ereignisses in einem Zufallsexperiment?

Führt man ein Zufallsexperiment wiederholt unter gleich bleibenden Bedingungen durch und registriert die relativen Häufigkeiten des Eintretens eines bestimmten Ereignisses, so scheinen sich diese Werte mit wachsender Versuchszahl zu »stabilisieren«. Sie scheinen mit wachsender Versuchszahl immer weniger zu schwanken.

Und man macht noch eine zweite Erfahrung. Betrachtet man zwei Versuchsreihen, d. h. zwei Serien unabhängiger Wiederholungen des gleichen Zufallsexperiments, so sind die relativen Häufigkeiten des betrachteten Ereignisses zwar in der Regel verschieden, sie unterscheiden sich mit wachsender Zahl der Wiederholungen aber immer weniger.

Im folgenden Diagramm sind drei Serien des Würfelwurfs dargestellt, wobei die relative Häufigkeit, mit der eine 6 gewürfelt wurde, notiert ist. Dieses Diagramm wurde wie folgt erstellt:

Jede der drei Versuchsreihen bestand aus 1800 Würfen. In Abständen von 100 Würfen wurde jeweils die relative Häufigkeit notiert, mit der eine 6 gewürfelt wurde. Es ergab sich für die erste Versuchsreihe die folgende Tabelle:

N	100	200	300	400	500	600	700	800	900
$h_N(\{6\})$	0,190	0,184	0,190	0,181	0,180	0,172	0,175	0,160	0,158

N	1000	1100	1200	1300	1400	1500	1600	1700	1800
$h_N(\{6\})$	0,161	0,174	0,164	0,170	0,169	0,165	0,169	0,165	0,164

Trägt man alle Werte $h_N(\{6\})$ in Abhängigkeit von N in ein Koordinatenkreuz ein, so erhält man insgesamt die Abbildung 2.1.

In allen drei Versuchsreihen scheinen sich die relativen Häufigkeiten auf einen Wert zwischen 0,164 und 0,17 einzupendeln.

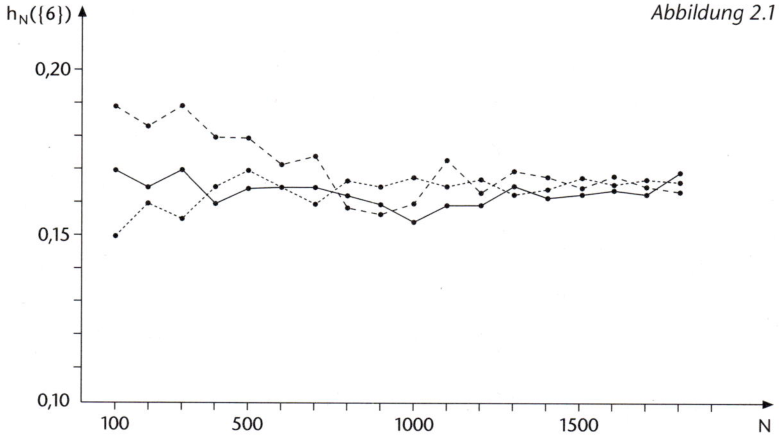

Abbildung 2.1

Die oben geschilderte Erfahrung beim Umgang mit relativen Häufigkeiten, die auch das Beispiel noch einmal belegt, nennt man das **empirische Gesetz der großen Zahlen.**

Es liegt nahe, die Zahl p, auf die sich die relativen Häufigkeiten eines Ereignisses in einer langen Reihe von Wiederholungen des Versuches »einzupendeln« scheinen, als Wahrscheinlichkeit des Eintretens des betrachteten Ereignisses zu bezeichnen.

Wissen wir jetzt, was die Wahrscheinlichkeit eines Ereignisses ist?

Sicher nicht im Sinne einer mathematischen Definition, wie wir sie z. B. für die Begriffe »Grenzwert« oder »Differenzierbarkeit« in der Analysis kennen. Der Mathematiker Richard von Mises (1883–1953) versuchte, eine solche Definition auf der Grundlage des oben genannten empirischen Gesetzes der großen Zahl zu geben. Er definierte die Wahrscheinlichkeit P(E) eines Ereignisses als den Grenzwert der Folge der relativen Häufigkeiten $h_N(E)$ des Ereignisses E in einer Versuchsfolge unabhängiger Wiederholungen des Experiments. Diese Definition ist nach den vorausgegangenen Überlegungen nahe liegend, aber man stößt sofort auf Schwierigkeiten:

Die Gleichung $P(E) = \lim_{N \to \infty} h_N(E)$ würde bedeuten:

Zu jedem $\varepsilon > 0$ gibt es ein $N_0(\varepsilon)$, sodass für alle $N \geq N_0$ gilt:

$|h_N(E) - P(E)| < \varepsilon$.

Diese Ungleichung müsste mit »Sicherheit« für alle $N \geq N_0(\varepsilon)$ gelten. Das wissen wir aber nicht. Betrachten wir unser Beispiel. Hier wird man – vorausgesetzt, der Würfel ist vollkommen symmetrisch – erwarten, dass jede der Zahlen mit der gleichen Wahrscheinlichkeit $\left(\text{nämlich } \frac{1}{6}\right)$ gewürfelt wird. Tatsächlich scheint unsere Versuchsreihe diese Vermutung auch zu bestätigen. Für $1650 \leq N \leq 1800$ liegen die relativen Häufigkeiten zwischen 0,16 und 0,17. Trotzdem kann man keine Zahl N_0 angeben, sodass man sagen könnte: Für alle $N \geq N_0$ ist $\left|h_N(\{6\}) - \frac{1}{6}\right| < 0{,}01$, was gleichwertig wäre zu $0{,}15 < h_N(\{6\}) < 0{,}17$ für alle $N \geq N_0$.

In unserer Versuchsreihe ist $h_{1800}(\{6\}) = 0{,}164$. Würde bei den nächsten 100 Würfen 60-mal eine 6 gewürfelt, so wäre $h_{1900}(\{6\}) = 0{,}187 > 0{,}17$.

Das kann sich wiederholen.

Man kann einwenden, dass die Wahrscheinlichkeit für eine solche Versuchsfolge wohl sehr gering ist. Aber unmöglich ist sie nicht.
Einen Ausweg aus diesem Dilemma zeigte Andrej Nikolajewitsch Kolmogorow (1903–1987). Er sucht nicht nach einer inhaltlichen Definition des Begriffs Wahrscheinlichkeit, sondern lässt diesen Begriff uninterpretiert. Er macht zur Bedingung, dass für jedes Ereignis E eines Zufallsexperiments eine Zahl P(E) für die Wahrscheinlichkeit des Ereignisses existiert, die – und dabei nutzt er seine Kenntnisse über das Verhalten von relativen Häufigkeiten aus – zwischen 0 und 1 liegt.

Genauer fordert er:

Ist Ω die Ergebnismenge eines Zufallsversuches und $\mathcal{A}$ die Ereignisalgebra, so gibt es eine Funktion $P\colon \mathcal{A} \to \mathbb{R}$ sodass gilt:

(I) Für jedes $E \in \mathcal{A}$ ist $0 \leq P(E) \leq 1$.

Mit der Forderung **(I)** ist keine Rechenvorschrift angegeben, wie man Wahrscheinlichkeiten **bestimmt.** Auf diese Frage kommen wir später zurück.

Als weitere Eigenschaften der Funktion fordert er:

(II) $P(\Omega) = 1$.

Diese Forderung ist nahe liegend. Ein Ereignis tritt ein, wenn eines der Elementarereignisse eintritt, aus denen das Ereignis besteht. Ω besteht aus allen möglichen Elementarereignissen des Zufallsexperiments. Eines dieser Elementarereignisse wird immer eintreten. Es ist $h_N(\Omega) = 1$ für jedes N. Dem entspricht die Forderung $P(\Omega) = 1$.

Beim Rechnen mit relativen Häufigkeiten haben wir den Satz kennen gelernt: Sind $E_1, E_2 \in \mathcal{A}$ und $E_1 \cap E_2 = \{\}$ (solche Ereignisse haben wir unvereinbar genannt), so ist $h_N(E_1 \cup E_2) = h_N(E_1) + h_N(E_2)$ für alle N. Entsprechend fordert Kolmogorow für die Funktion P:

(III) Sind $E_1, E_2 \in \mathcal{A}$, für die $E_1 \cap E_2 = \{\}$ ist, so sei

$P(E_1 \cup E_2) = P(E_1) + P(E_2)$.

Man erkennt sehr deutlich, wie sich Kolmogorow bei der Formulierung seiner Forderungen an den relativen Häufigkeiten »orientiert«, aber er benutzt sie nicht ausdrücklich. Sein Ziel ist eine mathematische Theorie, welche die im 1. Kapitel beschriebenen Erfahrungen mit Zufallsexperimenten möglichst korrekt beschreibt. Eine solche Theorie stellt dann ein mathematisches Modell der Wirklichkeit dar. Im 1. Kapitel hatten wir den Begriff des Ereignisraumes als ersten Schritt zur Beschreibung dessen, was wir mit dem Wort Zufallsexperiment belegen, entwickelt. Jetzt haben wir den Begriff der Wahrscheinlichkeit eines Ereignisses eines Zufallsexperiments. Fassen wir beides zusammen, dann haben wir das so genannte **Axiomensystem Kolmogorows,** mit dem Kolmogorow einen Zufallsversuch charakterisiert.

Ein Zufallsversuch wird charakterisiert durch einen Ereignisraum $(\Omega, \mathcal{A})$ zusammen mit einer Funktion $P: \mathcal{A} \to \mathbb{R}$, für die gilt:

(I) Für alle $E \in \mathcal{A}$ ist $0 \leq P(E) \leq 1$;
(II) $P(\Omega) = 1$;
(III) für alle $E_1, E_2 \in \mathcal{A}$ mit $E_1 \cap E_2 = \{\}$ gilt:

$P(E_1 \cup E_2) = P(E_1) + P(E_2)$.

P heißt **Wahrscheinlichkeitsfunktion** auf $\mathcal{A}$ und das Tripel $(\Omega, \mathcal{A}, P)$ **Wahrscheinlichkeitsraum.**

Vielleicht fragen Sie sich, warum Kolmogorow gerade die Forderungen **(I)–(III)** in sein Axiomensystem aufgenommen hat. Statt der Forderung **(III)** hätte er doch auch die Forderung nehmen können:

»Für alle $E_1, E_2 \in \mathcal{A}$ gilt $P(E_1 \cup E_2) = P(E_1) + P(E_2) - P(E_1 \cap E_2)$.«

Die Antwort ist sehr einfach: »Es hätte sich ein gleichwertiges Axiomensystem ergeben«, d. h., aus den Axiomen **(I)–(III)** folgt der Satz:

»Für alle $E_1, E_2 \in \mathcal{A}$ gilt $P(E_1 \cup E_2) = P(E_1) + P(E_2) - P(E_1 \cap E_2)$« (s. Satz 2.4).

Hätte man das Axiom **(III)** durch diesen Satz ersetzt, so hätte sich umgekehrt aus den Axiomen **(I)**, **(II)** und diesem Satz das Axiom **(III)** als Satz ableiten lassen.

Wir betrachten ein Beispiel, in dem wir einen Würfelwurf entsprechend dem kolmogorowschen Axiomensystem beschreiben.

Beispiel 1

Zwei Kinder K_1 und K_2 würfeln:
K_1 gewinnt, wenn eine gerade Zahl fällt,
K_2 gewinnt, wenn eine ungerade Zahl fällt.

Als Ergebnismenge des Versuches wählen wird $\Omega = \{1, 2, \ldots, 6\}$.

Interessant für das Spiel sind die Ereignisse

$E_1 = \{2, 4, 6\}$ und $E_2 = \{1, 3, 5\}$.

Als Ereignisalgebra $\mathcal{A}$ können wir dann die Menge $\mathcal{A} = \{\{\,\}, E_1, E_2, \Omega\}$ wählen.

Eine Wahrscheinlichkeitsfunktion auf $\mathcal{A}$ ist

$$P(\{\,\}) = 0, \quad P(E_1) = P(E_2) = \frac{1}{2}, \quad P(\Omega) = 1.$$

In den folgenden Sätzen verwenden wir die Begriffe aus dem Abschnitt 1.4, also: Ist $(\Omega, \mathcal{A}, P)$ ein Wahrscheinlichkeitsraum, dann heißt jede Menge $E \in \mathcal{A}$ ein Ereignis. Ist E ein Ereignis, so heißt $\overline{E} = \Omega \setminus E$ das Gegenereignis zu E. Ω nennen wir wieder das sichere Ereignis und $\{\}$ das unmögliche Ereignis.

2.2 Sätze für das Rechnen mit Wahrscheinlichkeiten

Für relative Häufigkeiten hatten wir gezeigt: $h_N(\overline{E}) = 1 - h_N(E)$. Ein entsprechender Satz gilt für Wahrscheinlichkeiten:

Satz 2.1

$P(\overline{E}) = 1 - P(E)$.

Beweis: Es ist $E \cup \overline{E} = \Omega$ und $E \cap \overline{E} = \{\}$. Dann folgt aus **(II)** und **(III)**:

$$1 = P(E \cup \overline{E}) = P(E) + P(\overline{E}), \quad \text{also} \quad P(\overline{E}) = 1 - P(E).$$

Einen weiteren gleichartigen Fall zu den Rechengesetzen für relative Häufigkeiten liefert folgender Satz:

Satz 2.2

$P(\{\}) = 0$.

Beweis: Setzen Sie in Satz 2.1 für E die Ereignismenge Ω ein. Dann ist $\{\} = \overline{\Omega}$. Es folgt $P(\{\}) = 1 - P(\Omega) = 0$.

Der Satz 2.2 besagt, dass die Wahrscheinlichkeit des unmöglichen Ereignisses null ist. Die Umkehrung gilt nicht, denn die Axiome sagen ja nichts darüber aus, dass ein Ereignis $E \neq \{\}$ nicht die Wahrscheinlichkeit null haben könnte.

Satz 2.3

Ist $E_1 \subset E_2$, so $P(E_1) \leq P(E_2)$.

Satz 2.4 Additionssatz

Sind $E_1, E_2 \subset \Omega$, so gilt:

$$P(E_1 \cup E_2) = P(E_1) + P(E_2) - P(E_1 \cap E_2).$$

Aufgabe 1

Betrachten Sie den Zufallsversuch »Würfeln mit zwei Würfeln«. Wählen Sie Ereignisse E_1, E_2 und bestätigen Sie die Sätze 2.3 und 2.5 an diesem Beispiel.

Eine Bestätigung dafür, dass das kolmogorowsche Axiomensystem ein adäquates Modell zur Beschreibung eines Zufallsexperiments darstellt, erhält man auch in dem so genannten **schwachen Gesetz der großen Zahlen.** Dieser Satz beschreibt im mathematischen Modell eines Experiments den Sachverhalt, den wir das empirische Gesetz der großen Zahlen genannt haben. Wir wollen das Gesetz schon hier nennen, auch wenn wir dabei den Begriff der unabhängigen Wiederholung eines Experiments benutzen müssen, dessen mathematische Definition wir bisher noch nicht wiederholt haben. Wir kommen deshalb später auch noch einmal auf diesen Satz zurück. Man kann beweisen:

Satz 2.5

Sei E ein Ereignis eines Experiments, das mit der Wahrscheinlichkeit p auftrete. Das Experiment werde N-mal wiederholt, wobei die einzelnen Durchführungen unabhängig voneinander seien. Dann strebt die Wahrscheinlichkeit dafür, dass die relative Häufigkeit $h_N(E)$ um mehr als eine vorgegebene Zahl ε von p abweicht, mit wachsender Zahl der Versuchte gegen Null.

Der Satz 2.5 ist nicht nur interessant im Hinblick darauf, dass er das kolmogorowsche Axiomensystem als zutreffend für die Beschreibung von Zufallsexperimenten erkennen lässt. Er spielt auch in Anwendungen eine wichtige Rolle, wie wir später sehen werden.

Das kolmogorowsche Axiomensystem liefert keine Wahrscheinlichkeiten für Zufallsexperimente, es fordert nur deren Existenz. Auf die Frage des Schätzens von Wahrscheinlichkeiten gehen wir im zweiten Band ein.

Es gibt natürlich Situationen, in denen von der Versuchsbedingung her die Annahme von bestimmten Wahrscheinlichkeiten gerechtfertigt ist. Beim Würfelwurf haben wir z. B. angenommen, dass jede Zahl die gleiche Wahrscheinlichkeit hatte, geworfen zu werden. Oder beim Münzwurf nimmt man an, dass »Wappen« und »Zahl« mit der gleichen

Wahrscheinlichkeit, nämlich $\frac{1}{2}$, auftreten. Mit solchen Versuchen werden wir uns im nächsten Abschnitt beschäftigen.

Sind Wahrscheinlichkeiten von Ereignissen bekannt, so bietet dieses Axiomensystem aber die Möglichkeit, aus diesen bekannten Wahrscheinlichkeiten Wahrscheinlichkeiten für weitere Ereignisse zu berechnen. Beispiele haben wir schon in den Sätzen 2.1, 2.2, 2.3 und 2.4 kennen gelernt. Wir wollen zwei weitere Beispiele nennen.

Der Satz 2.4 hat die folgende Verallgemeinerung für drei Ereignisse.

Satz 2.6

Sind E_1, E_2, E_3 drei Ereignisse aus einem Wahrscheinlichkeitsraum $(\Omega, \mathcal{A}, P)$, so gilt:

$$P(E_1 \cup E_2 \cup E_3) = P(E_1) + P(E_2) + P(E_3) - P(E_1 \cap E_2) - P(E_1 \cap E_3) - P(E_2 \cap E_3) + P(E_1 \cap E_2 \cap E_3).$$

Hieraus folgt sofort:

Satz 2.7 Summenregel

Sind E_1, E_2, E_3 paarweise unvereinbar, so gilt:

$$P(E_1 \cup E_2 \cup E_3) = P(E_1) + P(E_2) + P(E_3).$$

Dieser Satz ist eine Verallgemeinerung des Axioms **(III)**.

Aufgabe 2

Betrachten Sie den Zufallsversuch »Würfeln mit zwei Würfen«. Wählen Sie Ereignisse E_1, E_2, E_3 aus und bestätigen Sie die Sätze 2.6 und 2.7 an diesem Beispiel.

Zum Abschluss dieses Abschnitts noch eine kleine Erweiterung. Wir haben bisher endliche Ergebnismengen betrachtet, d. h. Ergebnismengen mit nur endlich vielen Elementen. Natürlich gibt es auch Experimente, wo Ω unendlich viele Elemente enthält.

Beispiel 2

Ein Würfel wird so oft geworfen, bis zum ersten Mal eine 6 erscheint. Als Ergebnismenge für dieses Experiment bietet sich die Menge der natürlichen Zahlen an: $\Omega = \mathbb{N}$, wobei $i \in \mathbb{N}$ das Ereignis bezeichne, dass beim i-ten Wurf zum ersten Mal eine 6 gewürfelt wird.

Beispiel 3
Aus der Menge der 18-jährigen männlichen Jugendlichen einer Stadt werden zufällig Personen ausgewählt und ihre Größe gemessen. Als Ergebnismenge bietet sich hier ein Intervall an, vielleicht das Intervall [1,20 m; 2,20 m]. Auch hier enthält die Ereignismenge unendlich viele Elemente, sogar überabzählbar viele.

Will man solche unendlichen Wahrscheinlichkeitsräume in die Betrachtungen einbeziehen, so muss man sowohl den Begriff der Ereignisalgebra allgemeiner fassen wie auch das kolmogorowsche Axiomensystem.

Wir werden uns auf endliche Ergebnismengen beschränken.

Aufgabe 3
Es sei $\Omega = \{1, \ldots, n\}$, $P(i) = c \cdot i$; $i = 1, \ldots, n$; $c \in \mathbb{R}$.
Berechnen Sie die Konstante c.

Aufgabe 4
Für drei paarweise unvereinbare Ereignisse E_1, E_2, E_3 gelte

$$P(E_1 \cup E_2) = p_1; \quad P(E_2 \cup E_3) = p_2; \quad P(E_1 \cup E_3) = p_3.$$

Berechnen Sie aus diesen Angaben $P(E_1)$, $P(E_2)$, $P(E_3)$.
Welche Bedingungen müssen p_1, p_2, p_3 erfüllen?

Aufgabe 5
Zwei Kinder würfeln mit zwei Würfeln. Kind K_1 gewinnt, wenn die Augensumme ≤ 5 ist. Kind K_2 gewinnt, wenn die Augensumme ≥ 9 ist. Geben Sie einen Wahrscheinlichkeitsraum zur Beschreibung des Spiels an.

2.3 Laplace-Wahrscheinlichkeiten

Wir haben im letzten Abschnitt erläutert, dass das kolmogorowsche Axiomensystem keine Wahrscheinlichkeiten für bestimmte Ereignisse liefert. Es gibt natürlich Situationen, in denen man aus der Versuchsbedingung auf Wahrscheinlichkeiten für das Eintreten von Ereignissen schließen kann. Ein Beispiel haben wir bereits kennen gelernt. Bei einem symmetrischen Würfel wird man annehmen, dass alle Zahlen die gleiche Wahrscheinlichkeit haben geworfen zu werden. Ein anderes Beispiel liefert der Münzwurf, wo es gerechtfertigt ist, anzunehmen, dass die Wahrscheinlichkeit für das Fallen von Wappen bzw. Zahl jeweils 0,5 ist.

Mit Zufallsversuchen dieser Art wollen wir uns im Folgenden beschäftigen.

Das Gemeinsame dieser Versuche ist: Allen Elementarereignissen des Experiments wird die gleiche Wahrscheinlichkeit zugeordnet.

Beispiel 4

a) Beim Würfeln mit einem Würfel ist $\Omega = \{1, 2, 3, 4, 5, 6\}$ mit

$$P(\{1\}) = P(\{2\}) = P(\{3\}) = P(\{4\}) = P(\{5\}) = P(\{6\}) = \frac{1}{6}.$$

b) Beim Würfeln mit 2 Würfeln ist $\Omega = \{(1; 1), (1, 2), \ldots (2; 1), \ldots, (6, 6)\}$

mit $P(\{(1, 1)\}) = \ldots = P(\{(6, 6)\}) = \frac{1}{36}$.

c) Beim Münzwurf ist $\Omega = \{W, Z\}$ mit $P(\{W\}) = P(\{Z\}) = 0{,}5$.

Alle Zufallsexperimente der eben beschriebenen Art heißen Laplace-Experimente; sie sind benannt nach Pierre Simon Marquis de Laplace (1749–1827).

Definition 2.1

Ein Zufallsversuch heißt ein **Laplace-Experiment,** wenn alle Elementarereignisse $\omega \in \Omega$ die gleiche Wahrscheinlichkeit haben.

Da die Elementarereignisse paarweise disjunkt sind und sich jedes Ereignis E als Menge von Elementarereignissen darstellen lässt, gilt der folgende Satz:

Satz 2.8

Wird jedem Elementarereignis $\omega \in \Omega$ dieselbe Wahrscheinlichkeit zugeordnet, so gilt für alle $E \in \mathcal{A}$: $P(E) = \frac{|E|}{|\Omega|}$.

Umgangssprachlich ausgedrückt bedeutet der Satz 2.8, dass man die Wahrscheinlichkeit P eines Ereignisses berechnen kann als:

$$P = \frac{\text{Anzahl der für das Ereignis günstigen Elementarereignisse}}{\text{Anzahl der möglichen Elementarereignisse}}$$

Wahrscheinlichkeiten, die aufgrund der Laplace-Annahme (Annahme der Gleichwahrscheinlichkeit) berechnet werden, bezeichnet man als **Laplace-Wahrscheinlichkeiten** oder auch als **klassische Wahrscheinlichkeiten.**

Die Entscheidung, ob ein Laplace-Experiment vorliegt, kann nicht mit der mathematischen Theorie getroffen werden. Sie werden später Verfahren kennen lernen, die z. B. die Hypothese »Der Würfel ist ein Laplace-Würfel« testen.

Betrachten wir ein anderes Beispiel:

Beispiel 5

Aus der Menge der ersten 50 natürlichen Zahlen wird zufällig eine Zahl ausgewählt. Wie groß ist die Wahrscheinlichkeit, dass die ausgewählte Zahl durch 6 oder durch 9 teilbar ist?

Lösung:

$\Omega = \{1, 2, 3, \ldots, 49, 50\}$, $|\Omega| = 50$

E_6 sei das Ereignis: »Die ausgewählte Zahl ist durch 6 teilbar«.

E_9 sei das Ereignis: »Die ausgewählte Zahl ist durch 9 teilbar«.

$E_6 = \{6, 12, 18, 24, 30, 36, 42, 48\}$ und $E_9 = \{9, 18, 27, 36, 45\}$ mit $|E_6| = 8$ und $|E_9| = 5$.

Zu berechnen ist dann $P(E_6 \cup E_9)$ mit

$E_6 \cup E_9 = \{6, 9, 12, 18, 24, 27, 30, 36, 42, 45, 50\}$.

Nach Satz 2.8 gilt:

$$P(E_6 \cup E_9) = \frac{|E_6 \cup E_9|}{|\Omega|} = \frac{11}{50}.$$

Man hätte in diesem Beispiel zur Berechnung von $P(E_6 \cup E_9)$ auch den Satz 2.4 anwenden können: Da $E_6 \cap E_9 = \{18, 36\}$, also $|E_6 \cap E_9| = 2$ ist, gilt:

$$\begin{aligned} P(E_6 \cup E_9) &= P(E_6) + P(E_9) - P(E_6 \cap E_9) \\ &= \frac{|E_6|}{|\Omega|} + \frac{|E_9|}{|\Omega|} - \frac{|E_6 \cap E_9|}{|\Omega|} = \frac{8}{50} + \frac{5}{50} - \frac{2}{50} = \frac{11}{50}. \end{aligned}$$

Die Bestimmung von Laplace-Wahrscheinlichkeiten läuft also darauf hinaus, die Anzahl der Elemente der Ergebnismenge Ω des Versuchs und die Anzahl der Elemente des betrachteten Ereignisses E zu bestimmen. Diese Aufgabe kann sehr mühsam werden, wie das folgende Beispiel zeigt:

Beispiel 6

Wie groß ist die Wahrscheinlichkeit, beim Lottospiel »6 aus 49« 6 Richtige, 5 Richtige, 4 Richtige oder 3 Richtige zu haben?

Lösungsidee: Die Ergebnismenge Ω ist die Menge aller 6-Tupel aus den Zahlen 1, ..., 49. Ein Element von Ω ist z. B. (2; 3; 4; 5; 10; 49). Es sei R_k das Ereignis, k Richtige zu haben. Dann ist $|R_6| = 1$, $|R_5| = 258$, $|R_4| = 13\,545$ und $|R_3| = 246\,820$.

Wie kommt man zu diesen Zahlen? Das ist eine Frage, die in der Kombinatorik behandelt wird. Damit werden wir uns im folgenden Abschnitt beschäftigen.

2.4 Kombinatorik

Bevor wir die Mächtigkeiten der einzelnen Mengen des Beispiels 6 bestimmen können, werden wir uns zunächst mit einfacheren Anwendungen beschäftigten.

Beispiel 7

Auf einem statistischen Erhebungsbogen werden die Merkmale Geschlecht (2 Ausprägungen), Alter (5 Altersstufen), Familienstand (4 Möglichkeiten), Konfession (4), Schulbildung (5), Wohnortgröße (6), Wohnungsgröße (8) und Bundesland (16 Fälle) erfragt. Wie viele verschieden ausgefüllte Erhebungsbögen kann es höchstens geben?

Lösung: Die Ergebnismenge kann angegeben werden als Menge von 8-Tupeln, bei denen an jeder Stelle ein Merkmal steht. Ein Beispiel für ein solches 8-Tupel ist:

(weibl.; 60–70; ledig; rk; Abitur; $< 20\,000$; 40–50 m^2; Bayern).

Man geht bei der Lösung der gestellten Aufgabe nach folgender Überlegung vor:
Zu jeder der beiden möglichen Ausprägungen des ersten Merkmals sind 5 Altersstufen möglich, für die zweite Komponente gibt es also

5 Möglichkeiten und für die erste 2. Würde der Erhebungsbogen nur aus den ersten beiden Merkmalen bestehen, so gäbe es also $2 \cdot 5 = 10$ unterschiedlich ausgefüllte Bögen, d. h., die Anzahl der möglichen 2-Tupel mit 2 Ausprägungen für die erste und 5 Ausprägungen für die zweite Komponente beträgt 10. Betrachtet man zusätzlich den Familienstand, so ergeben sich zu jeder der ersten 10 Möglichkeiten 4 verschiedene Ausprägungen des Merkmals »Familienstand«, also $10 \cdot 4 = 40$ Fälle insgesamt, d. h., die Anzahl der möglichen 3-Tupel mit 2 Ausprägungen für die erste, 5 Ausprägungen für die zweite und 4 Ausprägungen für die dritte Komponente beträgt

$$2 \cdot 5 \cdot 4 = 40.$$

Führt man diese Überlegungen entsprechend weiter, so sind

$$2 \cdot 5 \cdot 4 \cdot 4 \cdot 5 \cdot 6 \cdot 8 \cdot 16 = 614\,400$$

verschieden ausgefüllte Fragebögen möglich.

Verallgemeinert man die Überlegungen zu diesem Beispiel, so erhält man den folgenden Satz 2.9, das so genannte **allgemeine Zählprinzip** oder auch die **Produktregel der Kombinatorik.**

Satz 2.9

Es seien $B_1, B_2, \ldots, B_k$ endliche Mengen mit $|B_1| = n_1$, $|B_2| = n_2, \ldots,$ $|B_k| = n_k$. Es werden k-Tupel

$$(b_1; b_2; \ldots; b_k) \in B_1 \times B_2 \times \ldots \times B_k$$

gebildet. Die Anzahl aller möglichen k-Tupel $(b_1; b_2; \ldots; b_k)$ ist gleich

$$|B_1 \times B_2 \times \ldots \times B_k| = n_1 \cdot n_2 \cdot n_3 \cdot \ldots \cdot n_k.$$

In dem oben angegebenen Beispiel gibt es 8 endliche Mengen $B_1, \ldots,$ B_8, z. B.: $B_1 = \{\text{männl.; weibl.}\}$.

Wenden Sie den Satz 2.9 auf die nachfolgende Aufgabe an:

Aufgabe 6

Ein Angestellter arbeitet in einer Firma, deren verschiedene Abteilungen in einem Hochhaus untergebracht sind. Bei einem Arbeitsgang muss er vom 2. Stock in den 5. Stock, anschließend in den 9. Stock und zuletzt in den 10. Stock. Es gibt zwei Aufzüge, die auf jeder Etage halten (A1, A2), und je zwei Aufzüge, die (außer im Erdgeschoss) nur auf ungeradzahligen (A3, A5) bzw. geradzahligen (A4, A6) Stockwerken halten.

Außerdem ist ein Treppenhaus vorhanden (T). Wie viele Möglichkeiten hat der Angestellte, seinen Weg zu wählen, wenn man davon ausgeht, dass er das Treppenhaus nur bei übereinander liegenden Stockwerken benutzt (und nicht umsteigt)?

Im folgenden Teil wollen wir zwei Spezialfälle des Satzes 2.9 betrachten. In dem ersten Spezialfall stimmen die Mächtigkeiten der einzelnen Mengen $B_1, B_2, \ldots, B_k$ überein wie in dem folgenden Zufallsversuch:

Beispiel 8

Aus einer Urne mit 20 – von 1 bis 20 nummerierten – Kugeln wird 6-mal gezogen. Dabei wird die gezogene Kugel vor dem nachfolgenden Zug wieder in die Urne zurückgelegt. Wie viele verschiedene Ausgänge dieses Zufallsversuchs sind möglich?

Wir interessieren uns also für die Anzahl der möglichen 6-Tupel. Dabei kann in einem solchen Tupel eine Zahl wiederholt auftreten, weil ja dieselbe Kugel mehrfach gezogen werden kann. Da es für jede Komponente 20 Möglichkeiten gibt, erhält man als Anwendung des Satzes 2.9 als Anzahl aller Möglichkeiten 20^6.

Ist B eine Menge mit n Elementen, so nennt man die k-Tupel von Elementen aus B **Tupel mit Wiederholung,** wenn in dem Tupel ein Element mehrfach auftreten kann.

Aus der Verallgemeinerung der Überlegungen des Beispiels 8 ergibt sich der nachfolgende Satz:

Satz 2.10

Sei B eine Menge mit n Elementen. Die Anzahl der k-Tupel mit Wiederholung berechnet sich als n^k.

Im Beispiel 8 ist $n = 20$ und $k = 6$.

In manchen Büchern werden diese in Satz 2.10 beschriebenen k-Tupel aus einer n-elementigen Menge als **geordnete Stichprobe vom Umfang k mit Zurücklegen** oder als **Variationen mit Wiederholung** bezeichnet.

Bevor wir uns mit dem Ziehen ohne Zurücklegen beschäftigen, bearbeiten Sie bitte die nachfolgende Aufgabe, in der im Teil **b)** »häufiger gezogen wird«, als Kugeln in der Urne vorhanden sind.

Aufgabe 7

a Wie viele verschiedene Ausgänge hat das Würfeln mit 4 Würfeln?

b Wie viele verschiedene Tipps gibt es beim Fußballtoto, wenn man die tatsächlichen Gewinnchancen der einzelnen Mannschaften nicht berücksichtigt? (Man kann dabei 11 Reihen mit je 3 Möglichkeiten tippen, 11er-Wette.)

c Auf einer Tagung werden 18 Vorträge gehalten, von denen jeweils 3 parallel laufen. Wie viele Möglichkeiten haben Tagungsteilnehmer, ihr eigenes Programm zusammenzustellen?

Das nächste Beispiel bringt uns der endgültigen Lösung des Beispiels 6 schon etwas näher, obwohl es noch nicht dem Lottospielen entspricht.

Beispiel 9

In einer Urne befinden sich 49 nummerierte Kugeln. Es soll 6-mal aus der Urne eine Kugel gezogen werden, ohne die Kugel zurückzulegen. Die Elemente der Ergebnismenge dieses Zufallsexperiments sind 6-Tupel $(x_1; x_2; x_3; x_4; x_5; x_6)$. Dieses Beispiel soll noch einmal an einem Baumdiagramm, wie Sie es schon aus dem 1. Kapitel kennen, verdeutlicht werden.

Für die erste Komponente gibt es 49 Möglichkeiten, für die zweite 48 (da keine Zahl zweimal auftreten darf bzw. nach dem ersten Zug nur noch 48 Kugeln in der Urne sind). Für die Belegung zweier Stellen gibt es also $49 \cdot 48$ Möglichkeiten. Zu jeder Wahl von x_1 und x_2 gibt es für die dritte Komponente 47 Möglichkeiten, also für die Belegung von 3 Stellen $49 \cdot 48 \cdot 47$ Möglichkeiten. Für die vierte Komponente stehen noch 46 Möglichkeiten zur Verfügung, für die fünfte 45 und für die sechste Komponente 44 Möglichkeiten:

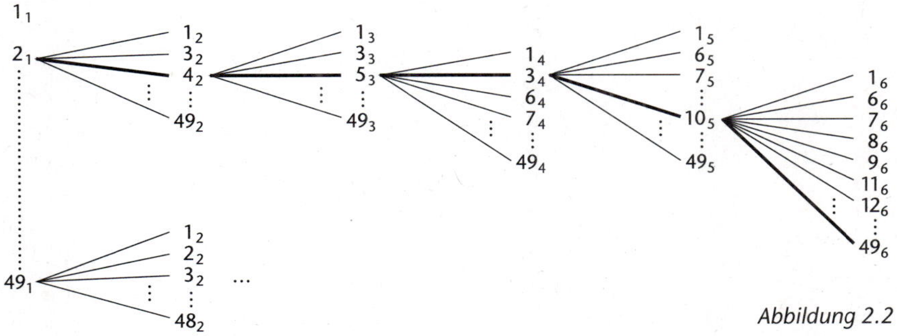

Abbildung 2.2

Diese im Satz 2.12 beschriebenen n-Tupel bezeichnet man auch als **Permutationen (ohne Wiederholung).**

Zur Vereinfachung des im Satz 2.12 angegebenen Produktes führt man das Symbol **n!** (gelesen: **n-Fakultät**) ein:

Unter dem Symbol n! versteht man das Produkt der ersten n natürlichen Zahlen von 1 bis n, also:

$n! := 1 \cdot 2 \cdot 3 \cdot 4 \cdot \ldots \cdot (n-1) \cdot n$ für $n \in \mathbb{N} \setminus \{1\}$.

Man setzt: $1! := 1$.

Wie man sehr leicht einsieht, gilt für $n \geq 2$ die folgende Rekursionsformel:

$n! = (n-1)! \cdot n, \quad n \in \mathbb{N}$.

Um diese Rekursionsformel auch für $n = 1$ zu haben, setzt man $0! = 1$.

Definition 2.2

Unter dem Symbol n! versteht man das Produkt der ersten n natürlichen Zahlen von 1 bis n, also:

$n! = 1 \cdot 2 \cdot 3 \cdot 4 \cdot \ldots \cdot (n-1) \cdot n$ für $n \in \mathbb{N} \setminus \{1\}$.

Man setzt $1! = 1$ und $0! = 1$.

Satz 2.13

Für $n \geq 1$ gilt: $n! = (n-1)! \cdot n$

Mithilfe des Symbols n! lassen sich die angegebenen Produkte in den Sätzen 2.11 und 2.12 auch folgendermaßen ausdrücken:

Satz 2.11*

Sei B eine Menge mit n Elementen. Bildet man aus den Elementen von B k-Tupel ($k \leq n$), worin jedes Element von B höchstens einmal vorkommen darf, dann gibt es

$$n \cdot (n-1) \cdot \ldots \cdot (n-k+1) = \frac{n \cdot (n-1) \cdot \ldots \cdot 2 \cdot 1}{(n-k) \cdot (n-k-1) \cdot \ldots \cdot 2 \cdot 1} = \frac{n!}{(n-k)!}$$

solcher k-Tupel.

Satz 2.12*

Sei B eine Menge mit n Elementen. Bildet man aus den Elementen von B n-Tupel, worin jedes Element von B genau einmal vorkommt, dann gibt es

$$n \cdot (n-1) \cdot (n-2) \cdot \ldots \cdot 3 \cdot 2 \cdot 1 = n!$$

solcher n-Tupel.

Schauen Sie zur Erinnerung an die hier benutzten Bezeichnungen in einem Baumdiagramm noch einmal in die Erläuterungen des Beispiels 10 im 1. Kapitel.

Dargestellt in diesem Baumdiagramm ist also das Tupel

$$(2; 4; 5; 3; 10; 49).$$

Insgesamt gibt es $49 \cdot 48 \cdot 47 \cdot 46 \cdot 45 \cdot 44 = 1{,}0068 \cdot 10^{10}$ Möglichkeiten (Anwendung des Satzes 2.9), aus einer Menge mit 49 Elementen 6-Tupel zu bilden, und zwar ohne dass an zwei Komponenten die gleiche Ziffer steht, also **ohne Wiederholungen.**

Verallgemeinert man die Überlegungen des Beispiels 9 auf eine Menge mit n Elementen, aus der k-Tupel $(x_1; x_2; x_3; \ldots; x_k)$ gebildet werden, in denen kein Element mehrfach auftreten darf, so muss die folgende Überlegung durchgeführt werden: Für die erste Komponente x_1 gibt es n Möglichkeiten. Da keine Zahl zweimal vorkommen darf, gibt es für x_2 noch $(n-1)$ Belegungen. Für die ersten zwei Komponenten gibt es also $n \cdot (n-1)$ Belegungen. Die Weiterführung dieser Gedankengänge führt zu dem Satz:

Satz 2.11

Sei B eine Menge mit n Elementen. Bildet man aus den Elementen von B k-Tupel $(k \leq n)$, worin jedes Element von B höchstens einmal vorkommen darf, dann gibt es $n \cdot (n-1) \cdot (n-2) \cdot \ldots \cdot (n-k+1)$ solcher k-Tupel.

In dem oben betrachteten Beispiel 9 ist $n = 49$ und $k = 6$.

Diese durch den Satz 2.11 beschriebenen k-Tupel findet man in manchen Büchern unter dem Namen **geordnete Stichprobe vom Umfang k ohne Wiederholung** oder als **Variation ohne Wiederholung.**

Der Satz 2.11 beinhaltet natürlich den Fall $n = k$. Er soll aber noch einmal einzeln aufgeführt werden, weil wir später noch häufig darauf zurückgreifen werden. Vorher jedoch noch ein einfaches Beispiel:

Beispiel 10

Wie viele Möglichkeiten gibt es, aus den Ziffern 1, 2 und 3 verschiedene 3-Tupel zu bilden, d. h., auf wie viele Arten kann man die Ziffern 1, 2 und 3 anordnen?

Lösung: Die Tupel werden hier einfach aufgeschrieben: (1; 2; 3), (1; 3; 2), (2; 3; 1), (2; 1; 3), (3; 1; 2), (3; 2; 1). Dies sind also $2 \cdot 3 = 6$ verschiedene Tupel.

Satz 2.12

Sei B eine Menge mit n Elementen. Bildet man aus den Elementen von B n-Tupel, worin jedes Element von B genau einmal vorkommt, dann gibt es $n \cdot (n-1) \cdot (n-2) \cdot \ldots \cdot 2 \cdot 1$ solcher n-Tupel.

Benutzen Sie bei der Bearbeitung der folgenden Aufgabe die hier neu eingeführten Symbole.

Aufgabe 8

a Ein Würfel wird viermal geworfen. Wie viele Ausgänge gehören zu dem Ereignis E »Alle Würfel zeigen verschiedene Augenzahlen an«?

b An einem Wettbewerb beteiligen sich 10 Personen. Wie viele Möglichkeiten gibt es, den ersten, zweiten und dritten Platz zu besetzen? Wie viele Ausgänge des Wettbewerbs sind möglich?

In dem nachfolgenden Beispiel wollen wir jetzt endlich die Anzahl der möglichen Spielausgänge beim Lottospielen berechnen. Dabei soll bei dieser Berechnung die Zusatzzahl nicht berücksichtigt werden.

Beispiel 11

Wie viele mögliche Spielausgänge gibt es beim Lottospielen »6 aus 49«?

Zur Lösung dieses Problems erinnern wir uns noch einmal an das Beispiel 9. In dem dort ausschnittsweise angegebenen Baumdiagramm wurde das 6-Tupel (2; 4; 5; 3; 10; 49) dargestellt. Für den tatsächlichen Gewinn spielt es allerdings keine Rolle, ob das 6-Tupel (4; 3; 49; 2; 10; 5) oder (10; 2; 5; 3; 49; 4), das oben angegebene (2; 4; 5; 3; 10; 49) oder noch ein anderes 6-Tupel gezogen wird, sofern nur die gleichen Zahlen vorkommen. Die Reihenfolge, mit der die Zahlen in der Ziehung gezogen werden, spielt für den Gewinn keine Rolle. Für jedes der gezogenen 6-Tupel erhält der Spieler den höchsten Gewinn.

Wir müssen uns daher überlegen, wie viele Möglichkeiten es gibt, aus den 6 verschiedenen Zahlen 2, 3, 4, 5, 10 und 49 die 6-Tupel ohne Wiederholung zu bilden. Im Beispiel 10 wurden alle möglichen 3-Tupel ohne Wiederholungen aufgeschrieben und im Satz 2.12 die entsprechende Formel allgemein angegeben. Danach gibt es $6! = 720$ Permutationen ohne Wiederholung.

In 720 möglichen Ziehungsausgängen erhält also der Spieler mit der angegebenen Tippreihe den Hauptgewinn. Diese 720 Fälle sind beim Lottospielen als ein Ausgang zu betrachten.

Man muss somit die im Beispiel 9 schon berechnete Zahl für die Anzahl der 6-Tupel aus einer Menge mit 49 Elementen noch durch 6! dividieren, um die Anzahl der möglichen Spielausgänge zu erhalten.

Als Lösung des Beispiels erhält man:

Es gibt

$$\frac{49 \cdot 48 \cdot 47 \cdot 46 \cdot 45 \cdot 44}{6!} = 13\,983\,816$$

verschiedene Spielausgänge beim Zahlenlotto »6 aus 49«.

Da es auf die Reihenfolge der gezogenen Zahlen nicht ankommt, hätte man die Frage auch so stellen können: Wie viele 6-elementige Teilmengen aus der Menge mit 49 Elementen kann man bilden? Die Anzahl aller 6-elementigen Teilmengen aus einer Menge mit 49 Elementen wurde hier als 13 983 816 angegeben.

Verallgemeinert man das Lottoproblem, so ist die Frage zu klären, wie viele verschiedene k-elementige Teilmengen lassen sich aus einer n-elementigen Menge bilden. Manche Schulbücher benutzen in diesem Fall den Begriff der **ungeordneten Stichprobe vom Umfang k** oder auch den einer **Kombination ohne Wiederholung** (s. auch Beispiel 14, 1. Kapitel). Es soll also die Anzahl aller k-elementigen Teilmengen einer n-elementigen Menge bestimmt werden. Geht man wie im Beispiel vor, so muss zunächst die Anzahl der k-Tupel ohne Wiederholungen als

$n \cdot (n-1) \cdot \ldots \cdot (n-k+1)$ bestimmt und dieses Ergebnis durch $k!$ dividiert werden. Man erhält:

$$\frac{n \cdot (n-1) \cdot (n-2) \cdot \ldots \cdot (n-k+1)}{k!} = \frac{n!}{(n-k)! \cdot k!}.$$

Damit ergibt sich der folgende Satz:

Satz 2.14

Sei B eine Menge mit n Elementen. Für die Anzahl aller k-elementigen Teilmengen gilt: $\frac{n!}{(n-k)! \cdot k!}$.

Aufgabe 9

In einem Lager wird die angelieferte Ware stichprobenartig überprüft. Mit einem Lieferanten besteht der Vertrag, dass die Ware ohne weitere Untersuchung zurückgeschickt werden kann, wenn bei der Kontrolle von 8 beliebig ausgewählten Stücken 3 (oder mehr) nicht in Ordnung sind. Auf wie viele verschiedene Weisen können 8 Stücke entnommen werden, wenn 65 Produkte geliefert wurden?

Zur Vereinfachung der Schreibweise führt man für den Term $\frac{n!}{(n-k)! \cdot k!}$ im Satz 2.14 das Symbol $\binom{n}{k}$ ein (gelesen **»n über k«** oder seltener auch **»k aus n«**).

Definition 2.3

$$\binom{n}{k} := \frac{n!}{(n-k)! \cdot k!} \quad \text{für } n, k \in \mathbb{N}_0 \text{ und } k \leq n.$$

Für die Terme $\binom{n}{k}$ gelten die folgenden Regeln:

Satz 2.15

Es sei $k, n \in \mathbb{N}$, $k \leq n$. Dann gilt:

$$\binom{n}{0} = \binom{n}{n} = 1; \ \binom{n}{1} = n; \ \binom{n}{k} = \binom{n}{n-k}; \ \binom{n}{k} + \binom{n}{k+1} = \binom{n+1}{k+1}.$$

Unter Benutzung des hier neu eingeführten Symbols lässt sich der Satz 2.14 dann folgendermaßen formulieren:

Satz 2.14*

Sei B eine Menge mit n Elementen. Für die Anzahl aller k-elementigen Teilmengen gilt:

$$\frac{n!}{(n-k)! \cdot k!} = \binom{n}{k}.$$

Aufgabe 10

a Berechnen Sie $\binom{6}{0}$; $\binom{6}{1}$; $\binom{6}{2}$; $\binom{6}{3}$; $\binom{6}{4}$; $\binom{6}{5}$; $\binom{6}{6}$.

b Berechnen Sie $(a+b)^6$.

Bei der Lösung der Aufgabe 10 haben Sie sicher bemerkt, dass die Koeffizienten der Terme $a^k b^{n-k}$ immer gerade die in Teilaufgabe a) berechneten Ergebnisse für $\binom{6}{i}$, $i \in \{0, 1, 2, 3, 4, 5, 6\}$ sind.

Wie Sie berechnet haben, gilt:

$$(a+b)^6 = 1 \cdot a^6 + 6 \cdot a^5 b^1 + 15 \cdot a^4 b^2 + 20 \cdot a^3 b^3 + 15 \cdot a^2 b^4 + 6 \cdot a^1 b^5 + 1 \cdot b^6.$$

Erinnern Sie sich einmal an Ihren Unterricht in der Sekundarstufe I. Dort haben Sie zur Berechnung der binomischen Formeln mit Exponenten größer als 2 das nach dem Mathematiker Blaise Pascal (1623–1662) benannte pascalsche Dreieck benutzt. Es dient zur Bestimmung der Koeffizienten der Terme $a^k b^{n-k}$.

Man erhält als **allgemeine binomische Formel:**

Satz 2.16

Es sei $n \in \mathbb{N}$; $a, b \in \mathbb{R}$. Dann gilt die allgemeine binomische Formel:

$$(a+b)^n = \sum_{k=0}^{n} \binom{n}{k} a^k \cdot b^{n-k}.$$

Die Terme $\binom{n}{k}$ heißen auch **Binomialkoeffizienten.**

Dieser Satz wird Ihnen in den weiteren Kapiteln dieser Stochastik-Bände noch häufig begegnen.

Zum Schluss dieses Abschnitts über die Kombinatorik fehlen noch zwei – weniger häufig benutzte – Formeln, um Anzahlen zu berechnen. Es handelt sich dabei um die Permutationen und die Kombinationen jeweils mit Wiederholung. Im Rahmen dieses Buches werden wir nur die **Permutationen mit Wiederholung** behandeln. Dazu ein Beispiel.

Beispiel 12

In einer Urne befinden sich zwei Kugeln, nummeriert mit 1 und 2. Es soll dreimal aus dieser Urne gezogen werden. Nach jedem Zug wird die Kugel wieder in die Urne zurückgelegt. Wie viele Ausgänge sind möglich, in denen genau zweimal die 1 vorkommt?

Wir wollen die Ergebnismenge mithilfe eines Baumdiagramms bestimmen:

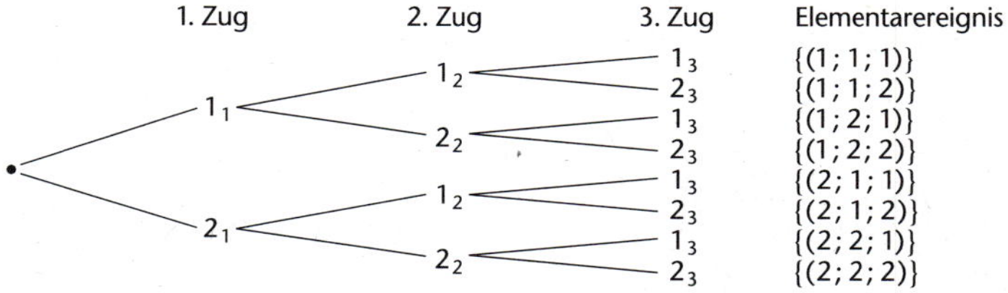

Abbildung 2.3

Wir interessieren uns also für die drei 3-Tupel (1; 1; 2), (1; 2; 1) und (2; 1; 1).

Verallgemeinert man dieses Problem, so sollen aus einer Menge mit n Elementen k-Tupel, bei denen Wiederholungen zulässig sind, gebildet werden.

Satz 2.17

Sei B eine Menge mit n Elementen. Es werden k-Tupel $(x_1; x_2; \ldots; x_k)$ gebildet, in denen das i-te Zeichen k_i-mal vorkommt. Dabei muss $k_1 + k_2 + \ldots + k_n = k$ sein.
Für die Anzahl der beschriebenen k-Tupel gilt:

$$\frac{k!}{k_1!\,k_2!\,k_3!\,\ldots\,k_n!}.$$

Angewandt auf das oben angegebene Beispiel gilt:

Die Menge B enthält 2 Elemente, es sollen 3-Tupel gebildet werden, also $k = 3$. Das erste Element von B – die 1 – soll zweimal in jedem 3-Tupel vorkommen, also $k_1 = 2$, und das zweite Element von B – die 2 – soll ein-mal vorkommen, also $k_2 = 1$. Es gilt $k_1 + k_2 = 2 + 1 = 3$. Setzt man diese angegebenen Werte in die Formel aus Satz 2.17 ein, so ergibt sich:

$$\frac{3!}{2! \cdot 1!} = \frac{1 \cdot 2 \cdot 3}{1 \cdot 2 \cdot 1} = 3.$$

Dieses Ergebnis stimmt mit dem auf elementarem Wege erhaltenen überein.

Aufgabe 11

Auf wie viele Arten kann man die Buchstaben des Wortes MISSISSIPPI anordnen?

Die in diesem Kapitel behandelten Sätze zur Kombinatorik lassen sich in der folgenden Tabelle zusammenfassen:

Fall	***Beispielexperiment*** (In jedem Experiment wird eine Urne mit n verschiedenen Elementen vorausgesetzt)	Anzahl der Anordnungen	Nummer des Satzes
(1)	Ziehen von k Elementen mit Zurücklegen und Bilden von k-Tupeln.	n^k	2.10
(2)	Ziehen von k Elementen ohne Zurücklegen und Bilden von k-Tupeln.	$\frac{n!}{(n-k)!}$	2.11
(3)	Ziehen aller n Elemente ohne Zurücklegen und Bilden von n-Tupeln.	$n!$	2.12
(4)	Ziehen von k Elementen ohne Zurücklegen und Bilden k-elementiger Teilmengen.	$\binom{n}{k}$	2.14
(5)	Ziehen von k Elementen mit Zurücklegen und Bilden von k-Tupeln; Betrachtung spezieller k-Tupel.	$\frac{k!}{k_1! \cdot \ldots \cdot k_n!}$	2.17

Bei der konkreten Anwendung der kombinatorischen Formeln werden in den meisten Fällen nur die in den Zeilen (1) bis (4) der Tabelle zur Anwendung kommen. Überlegen Sie daher im konkreten Fall, ob sich das betrachtete Experiment durch ein Ziehen mit Zurücklegen (nur Fall 1) oder durch ein Ziehen ohne Zurücklegen in einem Urnenmodell simulieren lässt. Beim Ziehen ohne Zurücklegen ist zu unterscheiden zwischen der Berücksichtigung der Reihenfolge (Bildung von k-Tupeln – Fall 2 – oder von n-Tupeln – Fall 3 –) und der Nicht-Berücksichtigung der Reihenfolge, dem Bilden k-elementiger Teilmengen (Fall 4).

Bearbeiten Sie zur Übung noch die folgende Aufgabe:

Aufgabe 12
Bei einem Trabrennen mit 12 startenden Pferden sollen die ersten 3 Pferde vorhergesagt werden, und zwar

a mit Angabe der Reihenfolge und

b ohne Angabe der Reihenfolge.

Wie viele verschiedene Wetten können im Wettbüro abgegeben werden, wenn man davon ausgeht, dass alle Pferde die gleiche Siegchance haben?

Mithilfe der kombinatorischen Formeln sind Sie jetzt in der Lage, die Mächtigkeiten von Ergebnismengen und von Ereignissen direkt zu bestimmen. Wir wollen daher im folgenden Teil mithilfe der Kombinatorik Laplace-Wahrscheinlichkeiten berechnen.

2.5 Anwendung der Kombinatorik zur Berechnung von Laplace-Wahrscheinlichkeiten

Zunächst soll das Beispiel 6 aus dem Kapitel 2.3 an dieser Stelle wieder aufgegriffen werden:

Beispiel 13 (Weiterführung des Beispiels 6)
Es sollte die Wahrscheinlichkeit berechnet werden, beim Lottospiel »6 aus 49« 6 Richtige, 5 Richtige, 4 Richtige oder 3 Richtige zu haben.

Lösung: Beim Lottospielen kommt es auf die Reihenfolge der gezogenen Zahlen nicht an. Es ist also die Anzahl aller 6-elementigen Teilmengen aus der Menge mit 49 Elementen zu bestimmen. Für die Mächtigkeit der Ergebnismenge Ω erhält man dann nach Satz 2.14:

$$|\Omega| = \binom{49}{6} = 13\,983\,816.$$

Nur eine dieser knapp 14 Millionen Möglichkeiten ist der richtigte Tipp. Wenn R_k das Ereignis ist, k Richtige zu haben, gilt somit:

$|R_6| = 1.$

Die Anzahl der Möglichkeiten, 5 Richtige zu haben, kann man sich elementar folgendermaßen überlegen. Ist z.B. $R_6 = \{2; 3; 4; 5; 10; 49\}$ der richtige Tip, dann erhält man einen Tipp mit 5 Richtigen, indem man von den 6 gezogenen Zahlen eine ersetzt durch eine der nicht gezogenen Ziffern 1, 6, 7, 8, 9, 11, 12, ..., 48.

Wenn z.B. die 2 von einem Spieler nicht getippt wurde, so können an der Stelle der 2 die Zahlen 1, 6, 7, 8, 9, 11, 12, ..., 47, 48 stehen (s. Abbildung 2.2). Also gibt es 43 mögliche Teilmengen der Menge $\{1, 2, \ldots, 49\}$, in denen neben den 5 richtigten Zahlen 3, 4, 5, 10 und 49 noch eine der 43 nicht gezogenen Zahlen enthalten sein kann. Da diese Überlegung nicht nur für das Weglassen der 2, sondern für das Weglassen von jeder der 6 gezogenen Zahlen gilt, so hat man $43 \cdot 6 = 258$ Möglichkeiten, 5 Richtige zu haben.

Beim tatsächlichen Lottospielen wird übrigens noch unterschieden zwischen 5 Richtigen mit und ohne Zusatzzahl. Wir wollen uns damit hier nicht weiter beschäftigen.

Mit den Methoden der Kombinatorik bestimmt man die Anzahl der möglichen Ausgänge mit 5 Richtigen folgendermaßen:

Es gibt $\binom{6}{5} = 6$ Möglichkeiten, aus einer 6-elementigen Menge 5-elementige Teilmengen zu bilden. Zu jedem dieser 6 Fälle gibt es $\binom{43}{1} = 43$ Fälle, an die frei werdende Stelle eine der nicht gezogenen Zahlen zu setzen. Also gilt:

$$|R_5| = \binom{6}{5} \cdot \binom{43}{1} = 258.$$

Die entsprechenden Überlegungen führen zur Bestimmung von $|R_4|$: Es gibt $\binom{6}{4}$ Möglickeiten, aus einer 6-elementigen Menge 4-elementige Teilmengen zu bilden, d.h., von den 6 richtigen Zahlen 4 auszuwählen. Da auf jedem Lottoschein 6 Kreuze gemacht werden, bleiben noch 2 anzukreuzende Felder übrig. Aus den 43 nicht gezogenen Zahlen müssen dazu 2 Zahlen herausgesucht werden. Zu jeder der oben angegebenen $\binom{6}{4}$ Möglichkeiten gibt es dann noch $\binom{43}{2}$ Möglichkeiten, seine Kreuze auf dem Lottoschein zu machen. Damit gilt:

$$|R_4| = \binom{6}{4} \cdot \binom{43}{2} = 15 \cdot 903 = 13\,545.$$

Entsprechende Überlegungen führen zu der Mächtigkeit von R_3:

$$|R_3| = \binom{6}{3} \cdot \binom{43}{3} = 20 \cdot 12\,341 = 246\,820.$$

Die einzelnen Ergebnisse, die im Beispiel 6 schon angegeben wurden, sind damit an dieser Stelle hergeleitet worden. Unter Benutzung der Mächtigkeit von Ω berechnen wir dann die Wahrscheinlichkeiten für die einzelnen Ereignisse $R_6, \ldots, R_3$:

$$P(R_6) = \frac{|R_6|}{|\Omega|} = \frac{\binom{6}{6} \cdot \binom{43}{0}}{\binom{49}{6}} = \frac{1}{13\,983\,816} \approx 0{,}715 \cdot 10^{-7}$$

$$P(R_5) = \frac{|R_5|}{|\Omega|} = \frac{\binom{6}{5} \cdot \binom{43}{1}}{\binom{49}{6}} = \frac{258}{13\,983\,816} \approx 0{,}184 \cdot 10^{-4}$$

$$P(R_4) = \frac{|R_4|}{|\Omega|} = \frac{\binom{6}{4} \cdot \binom{43}{2}}{\binom{49}{6}} = \frac{13\,545}{13\,983\,816} \approx 0{,}969 \cdot 10^{-3}$$

$$P(R_3) = \frac{|R_3|}{|\Omega|} = \frac{\binom{6}{3} \cdot \binom{43}{3}}{\binom{49}{6}} = \frac{246\,820}{13\,983\,816} \approx 0{,}177 \cdot 10^{-1}$$

Ein weiteres interessantes Beispiel ist das so genannte **»Geburtstagsproblem«**, das Sie in Ihrem Unterricht wahrscheinlich auch schon besprochen haben. Es wurde im Einführungskapitel dieses Bandes schon erwähnt. Von dem vorhergehenden Beispiel unterscheidet es sich insofern, als man hier die Wahrscheinlichkeit eines Ereignisses E über die des Gegenereignisses $\bar{E}$ bestimmt.

Beispiel 14

In einem Zimmer ist eine Gesellschaft von k Personen versammelt. Wie groß ist die Wahrscheinlichkeit des Ereignisses E »Mindestens zwei Personen haben am gleichen Tag Geburtstag« (ohne Berücksichtigung des Geburtsjahres)?

Lösung: Wir gehen von 365 Tagen in einem Jahr aus. Außerdem setzen wir voraus, dass alle Tage als Geburtstage gleich wahrscheinlich sind. Die Elemente der Ergebnismenge Ω sind k-Tupel, die man im entsprechenden Urnenexperiment durch Ziehen von k Elementen mit Zurücklegen erhält (Variation mit Wiederholung). Dann gilt:

$$|\Omega| = 365^k.$$

Wir berechnen die gesuchte Wahrscheinlichkeit P(E) mithilfe des Gegenereignisses $\bar{E}$ »Keine zwei Personen haben am gleichen Tag Geburtstag«. Man kann die Mächtigkeit von $\bar{E}$ aus der Überlegung berechnen, dass es für die 1. Person 365 Tage gibt, Geburtstag zu haben. Da die 2. Person ja nicht am gleichen Tag wie die erste Geburtstag haben darf, bleiben für die 2. nur noch 364 Tage übrig, für die 3. dann noch 363 Tage usw. Man erhält:

$$|\bar{E}| = 365 \cdot 364 \cdot 363 \cdot \ldots \cdot (365 - k + 1).$$

Das Ereignis $\bar{E}$ kann man sich auch realisiert denken in einem Urnenversuch durch Ziehen von k Elementen ohne Zurücklegen und Bilden von k-Tupeln (Satz 2.11). Dann gilt:

$$|\bar{E}| = \frac{365!}{(365 - k)!}.$$

Für die Wahrscheinlichkeit $P(\bar{E})$ gilt:

$$P(\bar{E}) = \frac{|\bar{E}|}{|\Omega|}$$

und damit auch:

$$P(E) = 1 - P(\bar{E}) = 1 - \frac{|\bar{E}|}{|\Omega|} = 1 - \frac{365!}{(365 - k)! \cdot 365^k}.$$

P(E) ist also eine Funktion von k. Die folgende Wertetabelle zeigt (gerundet) einige Funktionswerte:

k	10	15	20	22	23	25	30
P(E)	0,11695	0,2529	0,41144	0,4757	0,5073	0,5687	0,7063

Wenn Sie also auf irgendeinem Fest die Wette eingehen wollen, dass mindestens zwei der anwesenden Personen am gleichen Tag Geburtstag haben, so ist Ihre Chance zu gewinnen, größer als 0,5, wenn mindestens 23 Personen zusammen sind. Verblüffen Sie doch damit einmal Ihre Freunde und Bekannten!

Aufgabe 13

a In einem Zimmer sind außer Ihnen noch k Personen anwesend. Wie groß ist die Wahrscheinlichkeit, dass mindestens eine Person mit Ihnen am gleichen Tag Geburtstag hat?

b Erläutern Sie den Unterschied zwischem diesem Problem und dem des Beispiels 14!

Lösen Sie jetzt das folgende Problem aus der Wahrscheinlichkeitsrechnung selbstständig.

Aufgabe 14

Bei einem Test soll ein »Hellseher« sagen, in welcher Reihenfolge eine andere Person fünf Gegenstände angeordnet hat. Wie groß ist die Wahrscheinlichkeit, dass der »Hellseher« die Reihenfolge richtig rät?

In dem letzten Teil dieses Kapitels werden Wahrscheinlichkeiten von Zufallsversuchen mithilfe von Bäumen berechnet. Dazu das folgende Beispiel:

Beispiel 15

In einer Urne befinden sich drei schwarze, zwei weiße und vier gelbe Kugeln. Es wird zweimal ohne Zurücklegen gezogen. Man bestimme die Wahrscheinlichkeit für das Ereignis E_1 »Es werden zwei schwarze Kugeln gezogen«.

1. Lösungsverfahren: Mit den Mitteln der Kombinatorik ergibt sich folgende Lösung. Wir stellen uns vor, dass die Kugeln in der Urne nicht nur nach den Farben unterscheidbar sind, sondern auch gleichfarbige Kugeln untereinander. Die schwarzen Kugeln könnten z. B. die Nummern 1, 2, 3 tragen, die weißen Kugeln die Nummern 4 und 5 und die gelben Kugeln die Nummern 6, 7, 8, 9. Das Ereignis E_1 wird dann beschrieben durch die Paare

$$E_1 = \{(1; 2), (1; 3), (2; 1), (2; 3), (3; 1), (3; 2)\}.$$

Dabei bedeutet z. B. (2; 3): »Im 1. Zug wurde die schwarze Kugel mit der Nr. 2, im 2. Zug die schwarze Kugel mit der Nr. 3 gezogen.«

Die Ergebnismenge Ω ist dann die Menge aller 2-Tupel, die man aus den 9 Zahlen 1, …, 9 bilden kann, wobei keine Zahl zweimal auftritt. Es ist nach Satz 2.11:

$$|\Omega| = 9 \cdot 8 = 72, \quad |E_1| = 3 \cdot 2 = 6,$$

also:

$$P(E_1) = \frac{3 \cdot 2}{9 \cdot 8} = \frac{6}{72} = \frac{1}{12}.$$

2. Lösungsverfahren: Als zweite Lösungsmöglichkeit bietet sich das Baumdiagramm an.

Es ist natürlich nur schwer möglich, für das Zufallsexperiment einen Ergebnisbaum zu zeichnen, weil die Zahl der möglichen Ergebnisse ($9 \cdot 8 = 72$) viel zu groß ist. Bei dem Beispiel interessieren uns aber auch gar nicht alle 72 Ergebnisse, sondern eigentlich nur die Ereignisse:

S_1: »Im ersten Zug wurde eine schwarze Kugel gezogen«,
S_2: »Im zweiten Zug wurde eine schwarze Kugel gezogen«,
W_1: »Im ersten Zug wurde eine weiße Kugel gezogen«,
W_2: »Im zweiten Zug wurde eine weiße Kugel gezogen«,
G_1: »Im ersten Zug wurde eine gelbe Kugel gezogen«,
G_2: »Im zweiten Zug wurde eine gelbe Kugel gezogen«.

Dabei kommt es nicht darauf an, welche der schwarzen, weißen oder gelben Kugeln gezogen wurde.

Es ist $S_1 = \{(s; s), (s; w), (s; g)\}$,
$S_2 = \{(s; s), (w; s), (g; s)\}$,

entsprechend ergeben sich W_1, W_2, G_1, G_2.

Der Zufallsversuch besitzt dann folgende Darstellung:

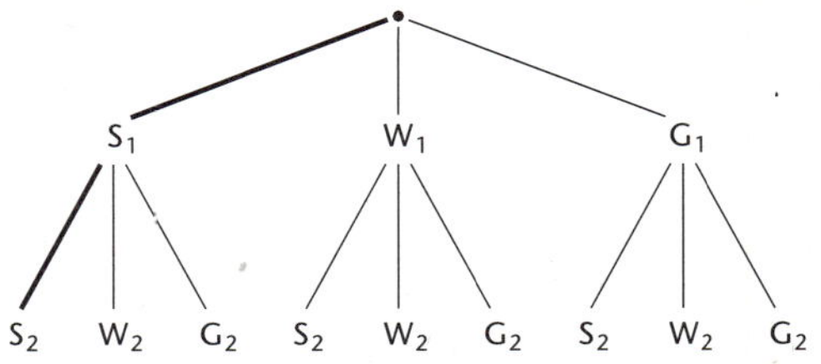

Abbildung 2.4

Das Ereignis E_1 hat jetzt die einfache Darstellung

$E_1 = \{(s; s)\} = S_1 \cap S_2$.

Der dick gekennzeichnete Pfad beschreibt den Weg zu diesem Ereignis.

Die einzelnen Ereignisse sind aber nicht mehr gleich wahrscheinlich. Wir notieren daher an den Ästen des Baumes die Wahrscheinlichkeiten, mit denen die in dem Baum gezeichneten Ereignisse auftreten:

Die Wahrscheinlichkeit, im 1. Zug eine schwarze Kugel zu ziehen, ist $\frac{3}{9}$.

Die Wahrscheinlichkeit, im 1. Zug eine weiße Kugel zu ziehen, ist $\frac{2}{9}$.

Die Wahrscheinlichkeit, im 1. Zug eine gelbe Kugel zu ziehen, ist $\frac{4}{9}$.

Die Wahrscheinlichkeit, im 2. Zug eine schwarze Kugel zu ziehen, hängt jetzt davon ab, welche Kugel im 1. Zug gezogen wurde.

Wurde im 1. Zug eine schwarze Kugel gezogen, so ist die Wahrscheinlichkeit, im 2. Zug eine schwarze Kugel zu ziehen, gleich $\frac{2}{8}$.

Wurde im 1. Zug eine weiße Kugel gezogen, so ist die Wahrscheinlichkeit, im 2. Zug eine schwarze Kugel zu ziehen, gleich $\frac{3}{8}$, usw.

Wir erhalten:

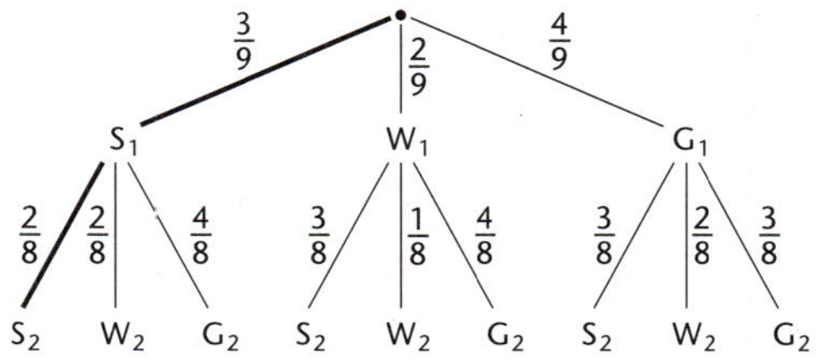

Abbildung 2.5

Den Baum in Abbildung 2.5 nennt man vielfach auch den **reduzierten Ereignisbaum, reduzierten Wahrscheinlichkeitsbaum** oder das **reduzierte Baumdiagramm.** Er entsteht aus dem eigentlichen Ergebnisbaum (in dem oben betrachteten Beispiel mit 72 Ausgängen) dadurch, dass man nur noch die interessierenden Ereignisse S_1, S_2, W_1, W_2, G_1 und G_2 auflistet, die einzelnen Äste dann aber mit den Wahrscheinlichkeiten versieht, die von einem Knotenpunkt zum nächsten führen.

Vergleicht man die im 1. Lösungsverfahren durchgeführte Rechnung zur Bestimmung der Wahrscheinlichkeit $P(E_1)$ mit den an die einzelnen Äste geschriebenen Wahrscheinlichkeiten, so erkennt man, dass man $P(E_1)$ erhält, wenn man nur entlang des gekennzeichneten Pfades (im Baumdiagramm dick gezeichnet) die Einzelwahrscheinlichkeiten miteinander multipliziert. Es ist

$$P(E_1) = P\{(s;\, s)\} = P(S_1 \cap S_2) = \frac{3}{9} \cdot \frac{2}{8} = \frac{1}{12}.$$

Dahinter steht ein allgemeiner Satz, die so genannten **Multiplikations-, Produkt-** oder **Pfadregel.** Dieser Satz kann an dieser Stelle noch nicht begründet werden, weil dazu der Begriff der bedingten Wahrscheinlichkeit benötigt wird. Damit werden Sie sich im 3. Kapitel ausführlich beschäftigen. Trotzdem werden wir diese Regel als Satz 2.18 notieren, weil Sie damit ein weiteres Verfahren zur Lösung von Laplace-Problemen zur Verfügung haben.

Aufgabe 15

Es liege die im Beispiel 15 beschriebene Urne vor. Berechnen Sie die Wahrscheinlichkeiten für die Ereignisse E_2 »Es werden zwei weiße Kugeln gezogen« und E_3 »Es werden zwei gelbe Kugeln gezogen«. Verwenden Sie einmal kombinatorische Formeln, einmal die oben genannte Multiplikationsregel.

Wir erweitern die Fragestellung: »Wie groß ist die Wahrscheinlichkeit für das Ereignis E_4 »Ziehen zweier gleichfarbener Kugeln«? Nach dem Satz 2.7 müssen jetzt die Wahrscheinlichkeiten für die Ereignisse E_1, E_2 und E_3 addiert werden, da E_1, E_2 und E_3 paarweise disjunkt sind. Es gilt:

$$P(E_4) = P(E_1) + P(E_2) + P(E_3) = \frac{6}{72} + \frac{2}{72} + \frac{12}{72} = \frac{20}{72} = \frac{5}{18}.$$

Neben der vorher schon benutzten Pfadregel haben Sie noch die Summenregel (Satz 2.7) angewandt. Der nachfolgende Satz fasst beide Regeln zur Berechnung von Wahrscheinlichkeiten in Bäumen zusammen. Sie finden den Teil (a) als Satz 3.1 im 3. Kapitel.

Satz 2.18

a) Die Wahrscheinlichkeit für ein Ereignis bei einem mehrstufigen Zufallsexperiment erhält man, wenn man die Wahrscheinlichkeiten entlang des zu diesem Ereignis gehörenden Pfades multipliziert.

b) Gehören zu einem Ereignis mehrere Pfade, so müssen die entsprechenden Produkte addiert werden.

Beispiel 16

Es soll das Wetter in einem festen Ort O vorhergesagt werden. Aus langfristigen Messungen wurden die folgenden Daten ermittelt: Wenn es heute trocken ist (T), dann ist es morgen mit der Wahrscheinlichkeit $\frac{5}{6}$ wieder trocken. Wenn es heute nass (N) ist, dann ist es morgen mit der Wahrscheinlichkeit $\frac{2}{3}$ nass. Heute ist Sonntag, und es ist trocken. Wie groß ist die Wahrscheinlichkeit für die folgenden Ereignisse:

a) E_1: »Es ist am Dienstag nass«,

b) E_2: »Es ist am Donnerstag trocken«?

Lösung: Es liegt ein 4-stufiges Zufallsexperiment vor. Man erhält als Baumdiagramm (mit den Wahrscheinlichkeiten):

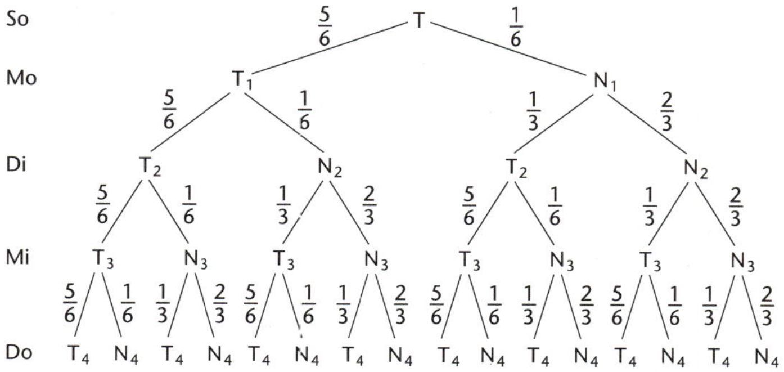

Abbildung 2.6

Beim Eintragen der Wahrscheinlichkeiten an die einzelnen Äste des Diagramms ist zu beachten, dass die Wahrscheinlicheit für das Wetter des nachfolgenden Tages vom Wetter des Vortages abhängig ist.

Zur Lösung der Aufgabe **a)** müssen die Wahrscheinlichkeiten für alle Pfade bestimmt werden, die zu N_2 führen. Ebenso müssen die Wahrscheinlichkeiten für alle Pfade bestimmt werden, die zu T_4 führen, um den Teil **b)** zu lösen. Als Anwendung des Satzes 2.18 erhält man:

$$P(E_1) = \frac{5}{6} \cdot \frac{1}{6} + \frac{1}{6} \cdot \frac{2}{3} = \frac{5}{36} + \frac{1}{9} = \frac{1}{4} = 0{,}25$$

$$P(E_2) = \left(\frac{5}{6}\right)^4 + \left(\frac{5}{6}\right)^2 \cdot \frac{1}{6} \cdot \frac{1}{3} + \frac{5}{6} \cdot \frac{1}{6} \cdot \frac{1}{3} \cdot \frac{5}{6} + \frac{5}{6} \cdot \frac{1}{6} \cdot \frac{2}{3} \cdot \frac{1}{3} + \frac{1}{6} \cdot \frac{1}{3} \cdot \frac{5}{6} \cdot \frac{5}{6}$$
$$+ \frac{1}{6} \cdot \frac{1}{3} \cdot \frac{1}{6} \cdot \frac{1}{3} + \frac{1}{6} \cdot \frac{2}{3} \cdot \frac{1}{3} \cdot \frac{5}{6} + \frac{1}{6} \cdot \frac{2}{3} \cdot \frac{2}{3} \cdot \frac{1}{3} = \frac{99}{144} = 0{,}6875.$$

Sie haben bisher zur Berechnung von Laplace-Wahrscheinlichkeiten mehrere Methoden kennen gelernt:

Zur Anwendung des ersten – etwas umständlichen Verfahrens – mussten Sie zuerst alle Elementarereignisse aufschreiben. Eine erste Erleichterung brachte die Kombinatorik, mit deren Hilfe Sie die Mächtigkeiten von Teilmengen der Ergebnismenge Ω bestimmen konnten. Zum Schluss wurde der reduzierte Ereignisbaum erläutert, in dem nur noch die Pfad- und die Summenregel angewandt werden müssen.

Zusammenfassend lässt sich also die folgende Strategie zur Lösung von Aufgaben mit mehrstufigen Zufallsversuchen angeben:

1. Schritt	Entscheiden Sie, ob Sie die Wahrscheinlichkeiten berechnen wollen	
	■ **mithilfe der Kombinatorik**	■ **durch ein reduziertes Baumdiagramm**
2. Schritt	Ist für das Beispiel die Betrachtung des Ereignisses E selbst oder des Gegenereignisses $\bar{E}$ einfacher?	
	■ Überlegen Sie, wie Sie den Versuch durch ein Urnenexperiment simulieren können (Hilfe: mit/ohne Wiederholung; mit/ohne Beachtung der Reihenfolge).	■ Zeichnen Sie einen möglichst einfachen Baum!

→

3. Schritt		
	■ Suchen Sie sich die zu dem Versuch passende kombinatorische Formel.	■ Tragen Sie an allen Ästen die Wahrscheinlichkeiten ein. Beachten Sie, dass die Wahrscheinlichkeit der n-ten Stufe unter Beachtung der Abhängigkeit von der (n – 1)-ten Stufe berechnet werden muss.
4. Schritt	Berechnen Sie die Wahrscheinlichkeit P(E) bzw. $P(\overline{E})$	
	■ unter der Benutzung von $P(E) = \frac{\lvert E \rvert}{\lvert \Omega \rvert}$ bzw. $P(E) = 1 - P(\overline{E})$.	■ unter Benutzung der Pfad- und der Summenregel (Satz 2.18). Sie dürfen dabei keinen der zu dem angegebenen Versuchsausfall führenden Pfade vergessen!

Beim Vergleich beider Verfahren stellt man fest, dass der i-ten ($1 \leq i \leq k$) Stufe im k-stufigen Zufallsexperiment (dargestellt an einem k-stufigen Wahrscheinlichkeitsbaum) die i-te Komponente im betrachteten k-Tupel (falls man mit den Regeln der Kombinatorik arbeitet) entspricht.

Diese Strategie soll noch an dem folgenden Beispiel angewandt werden. Es geht dabei um einen Ereignisbaum, der an einer Verzweigung schon vor Erreichen der letzten Stufe abgebrochen werden kann.

Beispiel 17

Sieben Freunde machen einen Ausflug nach Helgoland. Ehe sie nachmittags wieder das Schiff besteigen können, müssen sie durch die Zollkontrolle. Zwei von ihnen, Peter und Udo, haben zu viele Zigaretten mitgenommen, die anderen haben keine »Schmuggelware« dabei. Da alle 7 dem Zollbeamten gegenüber »nichts zu verzollen« haben, greift er sich auf gut Glück 3 heraus, um sie genauer zu kontrollieren. Wie groß ist die Wahrscheinlichkeit des Ereignisses E »Der Zollbeamte erwischt mindestens einen der beiden Schmuggler«, wenn man voraussetzt, dass der Zöllner Schmuggelware nicht übersieht?

Dieses Beispiel soll einmal nach beiden Verfahren bearbeitet werden.

1. Lösungsweg: (Reduziertes Baumdiagramm)
Es handelt sich dabei um ein dreistufiges Zufallsexperiment. Die Bezeichnung »S« bedeutet, dass die ausgewählte Person ein Schmuggler ist, während »$\overline{S}$« angibt, dass die ausgewählte Person kein Schmuggler ist.

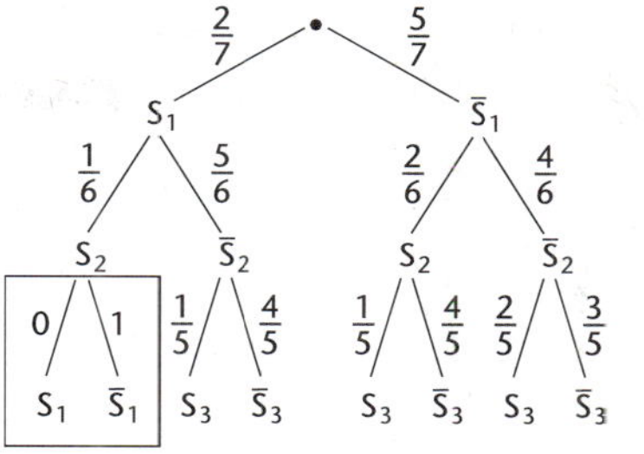

Abbildung 2.7

Der durch den Kasten gekennzeichnete Teil des Wahrscheinlichkeitsbaumes kann weggelassen werden, da auf dem ganz linken Pfad schon zwei Schmuggler ausgewählt wurden.

Zur Berechnung der Wahrscheinlichkeit sind alle Pfade zu berücksichtigen, auf denen mindestens einmal S vorkommt, also die folgenden Tupel: $(S; S; \overline{S})$, $(S; \overline{S}; S)$ und $(\overline{S}; S; S)$ mit zwei Schmugglern und $(S; \overline{S}; \overline{S})$, $(\overline{S}; S; \overline{S})$ und $(\overline{S}; \overline{S}; S)$ mit einem Schmuggler. Dann gilt:

$$P(E) = \frac{2}{7}\cdot\frac{1}{6}\cdot\frac{1}{1}+\frac{2}{7}\cdot\frac{5}{6}\cdot\frac{1}{5}+\frac{5}{7}\cdot\frac{2}{6}\cdot\frac{1}{5}+\frac{2}{7}\cdot\frac{5}{6}\cdot\frac{4}{5}+\frac{5}{7}\cdot\frac{2}{6}\cdot\frac{4}{5}+\frac{5}{7}\cdot\frac{4}{6}\cdot\frac{2}{5}$$

$$= \frac{150}{210} = \frac{5}{7} \approx 0{,}7143.$$

Es wäre hier auch im Baumdiagramm sehr viel einfacher gewesen, die Wahrscheinlichkeit des Gegenereignisses $\overline{E}$ »Keine der ausgewählten Personen ist ein Schmuggler« zu bestimmen:

$$P(\overline{E}) = \frac{5}{7}\cdot\frac{4}{6}\cdot\frac{3}{5} = \frac{60}{210}.$$

Dann erhält man:

$$P(E) = 1 - P(\overline{E}) = 1 - \frac{60}{210} = \frac{150}{210} = \frac{5}{7}.$$

2. Lösungsweg: Der Versuch kann simuliert werden durch die folgende Urnenziehung: Aus einer Urne mit 5 weißen und 2 schwarzen Kugeln wird dreimal ohne Zurücklegen gezogen. Gefragt ist nach der Wahrscheinlichkeit des Ereignisses E: »Unter den drei gezogenen Kugeln ist mindestens eine schwarze«.

Bestimmt werden dreielementige Teilmengen aus einer Menge mit 7 Elementen.

Es gibt $\binom{7}{3} = 35$ Möglichkeiten, solche dreielementigen Teilmengen zu bilden, also $|\Omega| = 35$. Für den Versuchsausgang günstig sind die folgenden:
Für die Teilmengen, die 2 schwarze Kugeln enthalten, gibt es für das dritte Element $\binom{5}{1} = 5$ Möglichkeiten.

Für die Teilmengen, die eine schwarze Kugel enthalten sollen, gibt es zunächst $\binom{2}{1} = 2$ Möglichkeiten, aus den beiden schwarzen Kugeln eine auszuwählen, und zu jeder dieser zwei Möglichkeiten gibt es $\binom{5}{2} = 10$ Möglichkeiten, die fehlenden zwei Elemente anzugeben.
Also:

$$P(E) = \frac{\binom{2}{1} \cdot \binom{5}{2} + \binom{2}{2} \cdot \binom{5}{1}}{\binom{7}{3}} = \frac{2 \cdot 10 + 1 \cdot 5}{35} = \frac{25}{35} = \frac{5}{7}.$$

Wir haben in beiden Lösungswegen – wie erwartet – die gleichen Ergebnisse erhalten.

Im Folgenden soll noch ein Beispiel bearbeitet werden, in dem nach einem Vergleich von Wahrscheinlichkeiten Spielchancen einzuschätzen sind.

Beispiel 18

Ein Vater sagt zu seinem Sohn: »Du bekommst mehr Taschengeld, wenn du von drei Schachpartien, die du abwechselnd gegen mich und deine Mutter spielst, zwei hintereinander gewinnst.« Der Vater ist spielerisch stärker als die Mutter. Soll der Junge zuerst gegen den Vater oder die Mutter spielen?

Lösung: Gegen den Vater gewinne der Sohn mit der Wahrscheinlichkeit a und gegen die Mutter mit der Wahrscheinlichkeit b. Dann ist $b > a$.
Es handelt sich um ein dreistufiges Zufallsexperiment, das in den folgenden Bäumen dargestellt wird: »S« steht für einen Sieg und »V« für ein Verlieren des Jungen.

Der obere Baum dient zur Berechnung der Siegwahrscheinlichkeit, wenn er mit einem Spiel gegen den Vater beginnt, und der untere, wenn er mit einem Spiel gegen die Mutter beginnt.

Abbildung 2.8 a

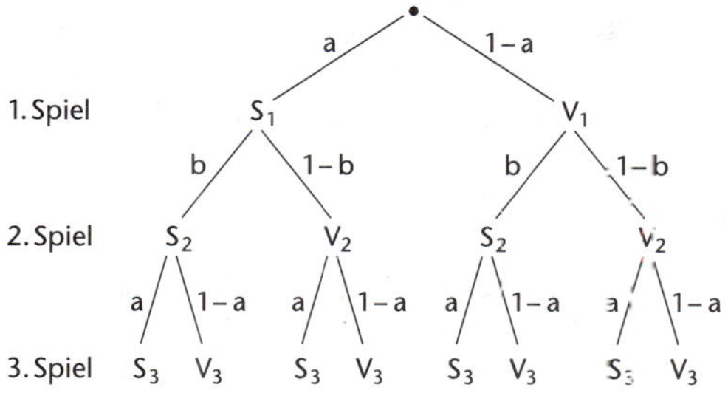

Abbildung 2.8 b

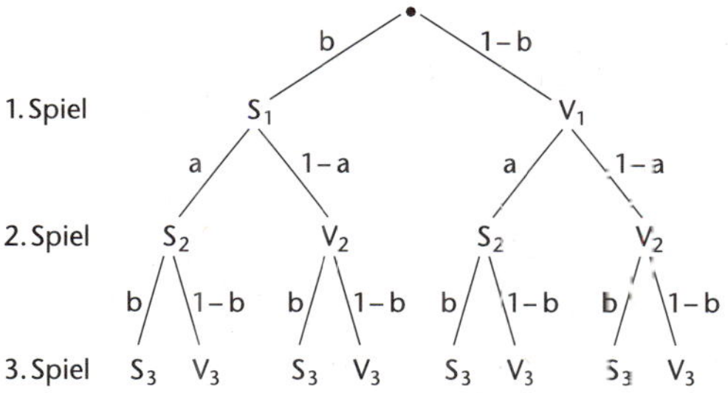

Die Wahrscheinlichkeit für das Ereignis E »Es werden zwei Spiele hintereinander gewonnen« beträgt im 1. Baum (1. Spiel gegen den Vater) berechnet:

$$P_1(E) = a \cdot b \cdot a + a \cdot b \cdot (1-a) + (1-a) \cdot b \cdot a = 2ab - a^2 b$$

und im zweiten Baum berechnet, wenn er zuerst gegen die Mutter spielt:

$$P_2(E) = b \cdot a \cdot b + b \cdot a \cdot (1-b) + (1-b) \cdot a \cdot b = 2ab - ab^2.$$

Zu entscheiden ist noch die Frage, welche der beiden berechneten Wahrscheinlichkeiten die größere ist. Es gilt:

$$a < b \Leftrightarrow -a^2 b > -ab^2 \Leftrightarrow 2ab - a^2 b > 2ab - ab^2 \Leftrightarrow P_1(E) > P_2(E).$$

Also sollte der Sohn zuerst gegen den Vater spielen. Dies erscheint auch deshalb vernünftig, weil er ja auf jeden Fall das mittlere der 3 Spiele gewinnen muss.

Zum Abschluss dieses Kapitels werden die drei Einführungsbeispiele des 1. Kapitels wieder aufgegriffen. Sie sind jetzt in der Lage, diese zu lösen. Benutzen Sie aber als Übung bitte jeweils das angegebene Verfahren, damit Sie sich noch einmal jedes Verfahren in Erinnerung rufen!

Beispiel 19

a) Berechnen Sie die Wahrscheinlichkeit, bei 4 Würfen mit einem Würfel mindestens einmal eine »6« zu werfen.
Hinweis: Benutzen Sie zur Lösung dieser Aufgabe die kombinatorischen Formeln!

b) Berechnen Sie die Wahrscheinlichkeit für das Ereignis E »Bei 24 Würfen mit zwei Würfeln fällt wenigstens einmal eine Doppelsechs«.
Hinweis: Bearbeiten Sie diese Aufgabe mithilfe des Gegenereignisses! (s. Seite 19 dieses Bandes)

c) Zwei Spieler werfen abwechselnd eine Münze. Der erste Spieler erhält einen Punkt, wenn das Wappen oben liegt, der zweite bei oben liegender Zahl. Den gesamten Einsatz hat der Spieler gewonnen, der zuerst 5 Punkte hat. Das Spiel muss bei folgendem Punktestand abgebrochen werden: 1. Spieler: 4 Punkte, 2. Spieler: 3 Punkte.
Wie ist der Einsatz gerecht zu verteilen?
Hinweis: Zeichnen Sie zur Lösung des Problems einen Wahrscheinlichkeitsbaum, dem die bis zur Entscheidung noch erforderlichen Münzwürfe zu entnehmen sind, und geben Sie die Gewinnchancen der beiden Spieler zu dem Zeitpunkt des Abbruchs an. In diesem Verhältnis ist der Einsatz gerecht aufzuteilen.

Lösung:

a) Es gilt: $|\Omega| = 6^4 = 1296$.
Die Anzahl der möglichen Ausgänge $(4 \cdot 5^3)$ mit »einer 6« erhält man aus der folgenden Überlegung: Die eine 6 kann an 4 verschiedenen Stellen stehen. Für die anderen Stellen bleiben alle Möglichkeiten übrig, aus den 5 Zahlen 1, 2, 3, 4, 5 drei Elemente mit Wiederholung unter Beachtung der Reihenfolge auszuwählen.
Die Anzahl der Möglichkeiten mit »zweimal 6« ist $\binom{4}{2} \cdot 5^2$, die mit »dreimal 6« $\binom{4}{1} \cdot 5^1$ und die mit »viermal 6« $\binom{4}{0} \cdot 5^0$. Insgesamt gilt:

$$P(E) = \frac{4 \cdot 5^3 + 6 \cdot 5^2 + 4 \cdot 5^1 + 1}{1296} = \frac{671}{1296} \approx 0{,}51775.$$

b) Es wird die Wahrscheinlichkeit des Gegenereignisses $\overline{E}$ berechnet, bei keinem der 24 Würfe das Tupel (6; 6) zu erhalten.

$$P(\overline{E}) = \left(\frac{35}{36}\right)^{24} \Rightarrow P(E) = 1 - \left(\frac{35}{36}\right)^{24} \approx 0{,}4914.$$

c) Da der 1. Spieler (gewinnt bei »W«) noch ein Spiel bis zum Sieg benötigt und der 2. Spieler (gewinnt bei »Z«) noch zwei, sind bis zur Entscheidung noch maximal zwei Münzwürfe erforderlich. Man erhält den folgenden Baum:

Abbildung 2.9

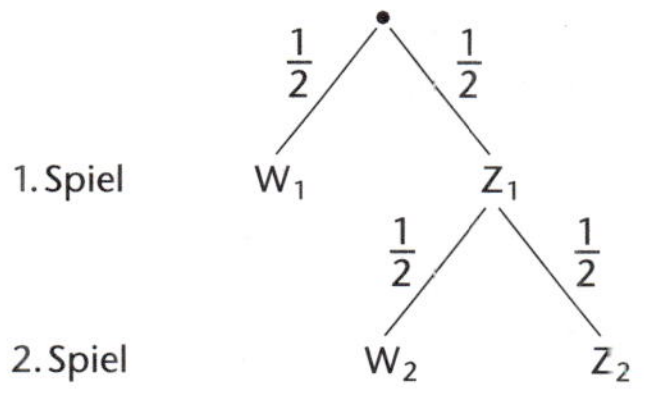

Spieler 1 gewinnt mit der Wahrscheinlichkeit

$$p_1 = \frac{1}{2} + \frac{1}{2} \cdot \frac{1}{2} = \frac{3}{4},$$

Spieler 2 gewinnt mit der Wahrscheinlichkeit

$$p_2 = \frac{1}{2} \cdot \frac{1}{2} = \frac{1}{4}.$$

Der Gewinn muss im Verhältnis der Gewinnchancen der beiden Spieler, d. h. im Verhältnis 3 : 1, aufgeteilt werden.

Bearbeiten Sie zum Abschluss dieses Kapitels noch die folgenden Aufgaben nach dem Verfahren, das Ihnen am einfachsten erscheint. Die Lösungen zu diesen Aufgaben werden allerdings nur nach einer Methode angegeben.

Aufgabe 16

Eine Region wird von zwei Kohle- und zwei Kernkraftwerken mit Energie versorgt. Bei einem Gewitter schaltet sich jede der vier Hochspannungsleitungen unabhängig von den anderen automatisch mit der (für alle gleichen) Wahrscheinlichkeit p aus. Im Notfall kann die Region von zwei Kraftwerken versorgt werden, allerdings muss ein Kernkraftwerk dabei sein. E sei das Ereignis »Bei einem Gewitter bricht die Stromversorgung der Region zusammen«. Berechnen Sie P(E) in Abhängigkeit von p!

Aufgabe 17

Ein Ehepaar hat fünf Söhne und keine Tochter. Wie wahrscheinlich ist dieses Ereignis, wenn vorausgesetzt wird, dass die Geburt einer Tochter und eines Sohnes gleich wahrscheinlich sind.

Aufgabe 18

Eine Information wird durch Mund-zu-Mund-Propaganda verbreitet. Man kann davon ausgehen, dass der Inhalt in 15 % aller Fälle ungenau oder gar falsch weitergegeben wird.

a Wie groß ist die Wahrscheinlichkeit, dass die »Neuigkeit« zwanzigmal hintereinander richtig weitergegeben wird?

b Nach wie vielen Weitermeldungen ist die Wahrscheinlichkeit für das Ereignis »Die weitergegebene Aussage ist richtig« unter 0,5 gesunken?

2.6 Lösungen

1

$\Omega = \{(i; j),\ 1 \le i \le 6,\ 1 \le j \le 6\} =$

$$\begin{matrix} (1;1) & (1;2) & (1;3) & (1;4) & (1;5) & (1;6) \\ (2;1) & (2;2) & \ldots & & & (2;6) \\ (3;1) & \ldots & & & & (3;6) \\ \vdots & & & & & \vdots \\ (6;1) & (6;2) & \ldots & & & (6;6) \end{matrix}$$

zu Satz 2.3:

$E_1 = \{(i, j),\ i + j \ge 6\}\quad E_2 = \{(i, j),\ i + j \ge 4\} \Rightarrow$

$E_1 \subset E_2,\quad P(E_1) = \frac{26}{36},\quad P(E_2) = \frac{33}{36}$

zu Satz 2.4:

$E_1 = \{(1; 1), (1; 2), \ldots, (1; 6)\}$

$E_2 = \{(1; 2), (2; 2), \ldots, (6; 2)\}$

$\Rightarrow \quad E_1 \cap E_2 = \{(1; 2)\}$

$$P(E_1 \cup E_2) = \frac{11}{36}, \quad P(E_1) = \frac{6}{36} = P(E_2), \quad P(E_1 \cap E_2) = \frac{1}{36}$$

$$\frac{11}{36} = \frac{6}{36} + \frac{6}{36} - \frac{1}{36}$$

2

$\Omega = \{(i; j), 1 \leq i \leq 6, 1 \leq j \leq 6\}$

zu Satz 2.6:

$E_1 = \{(i; j), 1 \leq i \leq 3\}$

$E_2 = \{(i; j), i \geq 5\}$

$E_3 = \{(i; j), j \geq 3\}$

$E_1 \cap E_2 = \{\,\} \Rightarrow E_1 \cap E_2 \cap E_3 = \{\,\}$

$E_1 \cap E_3 = \{(1; 3), (1; 4), (1; 5), (1; 6); (2; 3), \ldots, (2; 6); (3; 3), \ldots, (3; 6)\}$

$E_2 \cap E_3 = \{(5; 3), (5; 4), (5; 5), (5; 6); (6; 3), (6; 4), (6; 5), (6; 6)\}$

$$P(E_1 \cup E_2 \cup E_3) = \frac{34}{36}; \quad P(E_1) = \frac{18}{36}; \quad P(E_2) = \frac{12}{36}; \quad P(E_3) = \frac{24}{36}$$

$$\frac{34}{36} = \frac{18}{36} + \frac{12}{36} + \frac{24}{36} - 0 - \frac{12}{36} - \frac{8}{36} + 0$$

zu Satz 2.7:

$E_1 = \{(1; 1), \ldots, (1; 6)\}$

$E_2 = \{(2; 1), \ldots, (2; 6)\}$

$E_3 = \{(i; j), i \geq 4\}$

Es ist $E_i \cap E_j = \{\,\}$ für $i \neq j$.

$$P(E_1 \cup E_2 \cup E_3) = \frac{30}{36}; \quad P(E_1) = P(E_2) = \frac{6}{36}; \quad P(E_3) = \frac{18}{36}$$

3

Es ist $P(\Omega) = 1$.

$$\begin{aligned} P(\Omega) &= P(\{1, \ldots, n\}) \\ &= P(\{1\}) + P(\{2\}) + \ldots + P(\{n\}) \\ &= c + 2c + \ldots + nc \\ &= c(1 + 2 + \ldots + n) \\ &= c \cdot \frac{n(n+1)}{2} \end{aligned}$$

Aus $P(\Omega) = 1$ folgt dann $c = \frac{2}{n(n+1)}$.

4

Aus der paarweisen Unvereinbarkeit der drei Ereignisse folgt:
$P(E_1 \cup E_2) = P(E_1) + P(E_2)$, $P(E_1 \cup E_3) = P(E_1) + P(E_3)$,
$P(E_2 \cup E_3) = P(E_2) + P(E_3)$.

Es folgt:
$P(E_1) + P(E_2) = p_1$, $P(E_2) + P(E_3) = p_2$, $P(E_1) + P(E_3) = p_3$.

Das ist ein Gleichungssystem mit 3 Unbekannten. Lösen des Gleichungssystems liefert:

$P(E_1) = \frac{1}{2}(p_1 - p_2 + p_3)$, $P(E_2) = \frac{1}{2}(p_1 + p_2 - p_3)$,

$P(E_3) = \frac{1}{2}(-p_1 + p_2 + p_3)$.

Da P eine Wahrscheinlichkeitsfunktion ist, muss gelten:
$p_1 - p_2 + p_3 \geq 0$, $p_1 + p_2 - p_3 \geq 0$, $p_2 + p_3 - p_1 \geq 0$.

5

$\Omega = \{2, 3, 4, 5, \ldots, 12\}$

Zur Beschreibung des Spiels benötigt man die Ereignisse $E_1 = \{2, 3, 4, 5\}$, $E_2 = \{9, 10, 11, 12\}$, $E_3 = \{6, 7, 8\}$. Eine Ereignisalgebra $\mathcal{A}$ muss diese drei Mengen, und damit ihre Vereinigungen und Durchschnitte, sowie zu jedem Ereignis E_i das Gegenereignis $\overline{E}_i$ enthalten. Die Durchschnitte zweier Ereignisse sind jeweils { }. Die Vereinigung zweier Ereignisse ist jeweils das Gegenereignis der dritten Menge, z. B. $E_1 \cup E_2 = \overline{E}_3$.

Als Erlebnisraum $\mathcal{A}$ wählen wird daher
$\mathcal{A} = \{\{\}, E_1, E_2, E_3, E_1 \cup E_2, E_1 \cup E_3, E_2 \cup E_3, \Omega\}$.
Unter der Annahme, dass es sich um symmetrische Würfel handelt, wählen wir als Wahrscheinlichkeitsfunktion $P: \mathcal{A} \to \mathbb{R}$:

$$P(\{\}) = 0,\ P(E_1) = \frac{10}{36} = \frac{5}{18},\ P(E_2) = \frac{10}{36} = \frac{5}{18},\ P(E_3) = \frac{16}{36} = \frac{8}{18},\ P(\Omega) = 1.$$

Wegen $E_i \cap E_j = \{\}$ für $i \neq j$ ist damit auch den Ereignissen $E_i \cup E_j$, $i \neq j$ eine Wahrscheinlichkeit zugeordnet.

6

Von der 2. zur 5. Etage hat er 2 Möglichkeiten, nämlich A1 und A2. Von der 5. zur 9. Etage gibt es 4 mögliche Wege (A1, A2, A3, A5) und von der 9. zur 10. drei Wege (T, A1, A2). Der Angestellte kann somit aus $2 \cdot 4 \cdot 3 = 24$ Möglichkeiten wählen.

7

a $6^4 = 1296$ **b** $3^{11} = 177\,147$ **c** $3^6 = 729$

8

a Beim ersten Würfeln kann jede Zahl gewürfelt werden, also 6 Möglichkeiten, beim zweiten Wurf darf die schon im ersten Wurf gefallene Zahl nicht mehr geworfen werden, d. h., es gibt 5 günstige Ausgänge. Die Weiterführung dieser Überlegung führt zu $6 \cdot 5 \cdot 4 \cdot 3 = 360$ möglichen Ausgängen.

Es gibt also $\frac{6!}{(6-3)!} = 360$ Ausgänge.

b Zur Besetzung des 1. Platzes gibt es 10 Möglichkeiten, für die des 2. Platzes 9 und für die des 3. Platzes 8. Es gibt somit $10 \cdot 9 \cdot 8 = 720$ verschiedene Möglichkeiten, die ersten drei Plätze zu besetzen.

Der Wettbewerb hat insgesamt $10! = 3\,628\,800$ Ausgänge.

9

Da es auf die Reihenfolge nicht ankommt, werden aus der Menge mit 65 Elementen 8-elementige Teilmengen gebildet. Dies kann auf $\frac{65!}{57!\,8!} \approx 5{,}05 \cdot 10^9$ verschiedene Weisen geschehen (vgl. Satz 2.14).

10

a $\binom{6}{0} = 1 = \binom{6}{6}$; $\binom{6}{1} = 6 = \binom{6}{5}$; $\binom{6}{2} = 15 = \binom{6}{4}$; $\binom{6}{3} = 20$

b Die Lösung finden Sie im Text im Anschluss an die gestellte Aufgabe.

11

Das »M« kommt nur einmal vor, also kann es auf $\binom{11}{1}$ Arten auf die 11 zur Verfügung stehenden Plätze gesetzt werden. Aus den restlichen Plätzen werden 4 ausgewählt, um sie mit »S« zu besetzen. Dies kann auf $\binom{10}{4}$ Arten geschehen. Für das »I« gibt es dann $\binom{6}{4}$ mögliche Besetzungen. Das »P« wird auf $\binom{2}{2}$ Arten auf die restlichen Plätze verteilt.

Man erhält als Gesamtzahl: $\binom{11}{1} \cdot \binom{10}{4} \cdot \binom{6}{4} \cdot \binom{2}{2} = 34\,650$.

12

a Es muss die Anzahl der 3-Tupel ohne Wiederholung aus einer 12-elementigen Menge bestimmt werden. Sie beträgt: $12 \cdot 11 \cdot 10 = 1320$. Also gibt es 1320 Wetten auf die ersten 3 Plätze mit Beachtung der Reihenfolge.

b Hier müssen 3-elementige Teilmengen aus einer 12-elementigen Menge angegeben werden. Es gibt davon $\binom{12}{3} = \frac{12!}{9! \cdot 3!} = 220$. In diesem Fall können – ohne Berücksichtigung der Reihenfolge beim Einlauf – 220 verschiedene Wetten abgegeben werden.

13

a Die Aufgabe wird über die Berechnung der Wahrscheinlichkeit des Gegenereignisses gelöst: Eine beliebig herausgegriffene Person hat mit einer Wahrscheinlichkeit von $\frac{364}{365}$ nicht am gleichen Tag Geburtstag wie Sie. Damit hat keine der k Personen Ihren Geburtstag mit der Wahrscheinlichkeit $\left(\frac{364}{365}\right)^k$. Die Wahrscheinlichkeit, dass mindestens eine der Personen Ihren Geburtstag hat, ist dann $1 - \left(\frac{364}{365}\right)^k$. Fasst man diese Wahrscheinlichkeit als eine Funktion f von k auf, so lässt sich wie im Beispiel 14 eine Tabelle aufstellen.

Falls $f(k) > \frac{1}{2} \Rightarrow k > \frac{\lg 2}{\lg 365 - \lg 364} \approx 252{,}65.$

b Wenn außer Ihnen 253 Personen anwesend sind, dann gibt es 253 Gelegenheiten für Ihren Geburtstag. Sind nur 23 Personen anwesend (s. Beispiel 14), so gibt es $\binom{23}{2} = 253$ Möglichkeiten, aus den Personen Paare zu bilden, die dann am gleichen Tag Geburtstag haben.

14

Es gibt $5! = 120$ Möglichkeiten, 5 Dinge unterschiedlich anzuordnen. Die Wahrscheinlichkeit, die Anordnung von 5 Gegenständen richtig vorherzusagen, ist somit $\frac{1}{120} \approx 0{,}0083 = 0{,}83\,\%$.

15

$P(E_2) = \frac{2}{9} \cdot \frac{1}{8} = \frac{2}{72}$ und $P(E_3) = \frac{4}{9} \cdot \frac{3}{8} = \frac{12}{72} = \frac{1}{6}$.

16

Es handelt sich um einen 4-stufigen Zufallsversuch mit dem folgenden reduzierten Baumdiagramm; darin steht ein »F«, wenn das betreffende Kraftwerk ausfällt, und »$\overline{F}$«, wenn es nicht ausfällt:

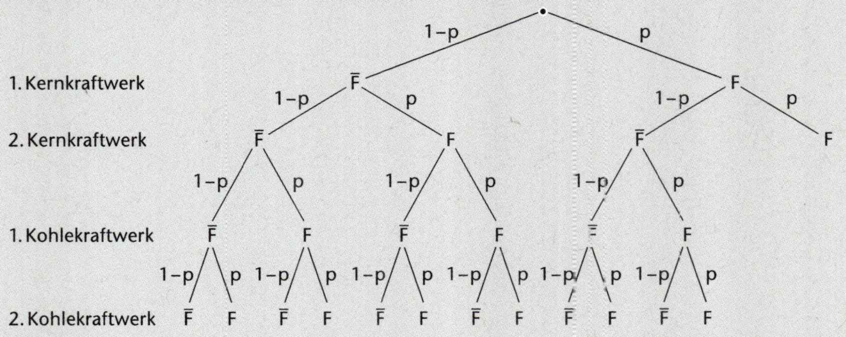

Es gilt: $P(E) = p^2 + p \cdot (1-p) \cdot p \cdot p + (1-p) \cdot p^3 = p^2 + 2p^3(1-p)$.

17

Wir interessieren uns für die Wahrscheinlichkeit für das 5-Tupel (S; S; S; S; S) aus der Menge der 5-Tupel, die aus einer zweielementigen Menge B = {S; T} mit Wiederholung gebildet werden.

Es gilt: $P(E) = \left(\frac{1}{2}\right)^5 = \frac{1}{32}$.

18

a Die Wahrscheinlichkeit, dass die Neuigkeit richtig weitergegeben wird, beträgt 0,85. Also berechnet man die Wahrscheinlichkeit für das Ereignis E »Die Neuigkeit wird 20-mal hintereinander richtig weitergegeben« als

$P(E) = 0{,}85^{20} \approx 0{,}0388.$

b Zu bestimmen sind die Funktionswerte einer Funktion $f(k) = 0{,}85^k$. Die nachfolgende Wertetabelle gibt einige Funktionswerte (gerundet) an.

k	2	3	4	5	6	7	10	15
f(k)	0,723	0,614	0,522	0,444	0,377	0,321	0,197	0,087

Der Tabelle entnimmt man, dass schon nach 5 Weitermeldungen die gesuchte Wahrscheinlichkeit unter 0,5 gesunken ist.

Kapitel 3

Bedingte Wahrscheinlichkeit und Unabhängigkeit

3.1 Bedingte Wahrscheinlichkeit

Beispiel 1

Zwei symmetrische Würfel werden geworfen.

a) Wie groß ist die Wahrscheinlichkeit, dass die Augensumme mindestens 8 beträgt?

b) Wie groß ist die Wahrscheinlichkeit, dass die Augensumme mindestens 8 beträgt, wenn man bereits weiß, dass einer der Würfel eine 4 zeigt?

Es ist $\Omega = \{(i;\, j),\ 1 \leq i \leq 6;\ 1 \leq j \leq 6\}$.
Es sei A das Ereignis »Augensumme mindestens 8«: $A = \{(i;\, j) \mid i + j \geq 8\}$, B das Ereignis »Ein Würfel zeigt eine 4«, also:
$B = \{(4;\, j);\ j = 1,\ \ldots,\ 6\} \cup \{(i;\, 4),\ i = 1,\ \ldots,\ 6\}$.

$\Omega =$

(1; 1)	(1; 2)	(1; 3)	(1; 4)	(1; 5)	(1; 6)
(2; 1)	(2; 2)	(2; 3)	(2; 4)	(2; 5)	(2; 6)
(3; 1)	(3; 2)	(3; 3)	(3; 4)	(3; 5)	(3; 6)
(4; 1)	(4; 2)	(4; 3)	(4; 4)	(4; 5)	(4; 6)
(5; 1)	(5; 2)	(5; 3)	(5; 4)	(5; 5)	(5; 6)
(6; 1)	(6; 2)	(6; 3)	(6; 4)	(6; 5)	(6; 6)

$A =$

				(2; 6)
			(3; 5)	(3; 6)
		(4; 4)	(4; 5)	(4; 6)
	(5; 3)	(5; 4)	(5; 5)	(5; 6)
(6; 2)	(6; 3)	(6; 4)	(6; 5)	(6; 6)

$B =$

			(1; 4)		
			(2; 4)		
			(3; 4)		
(4; 1)	(4; 2)	(4; 3)	(4; 4)	(4; 5)	(4; 6)
			(5; 4)		
			(6; 4)		

Abbildung 3.1

Die Anwort auf die in **a)** gestellte Frage ist:

$\frac{15}{36} = \frac{5}{12} = \frac{|A|}{|E|} = P(A)$ (15 von insgesamt 36 Ausfällen sind günstig).

Die Anwort auf die in **b)** gestellte Frage ist:

$\frac{5}{11} = \frac{|A \cap B|}{|B|}$ (In 11 Fällen zeigt einer der Würfel eine Vier; von diesen 11 Fällen sind 5 günstig).

In **b)** ist nach der Wahrscheinlichkeit für das Eintreten von A unter der Bedingung, dass B eingetroffen ist, gefragt. Wir bezeichnen diese bedingte Wahrscheinlichkeit mit dem Symbol $P(A|B)$.

Es ist $P(A|B) \neq P(A)$. Die Bedingung, dass das Ereignis B auftritt, beeinflusst die Wahrscheinlichkeit für das Eintreten von A.

Aus $P(A|B) = \frac{|A \cap B|}{B}$ erhält man durch Division von Zähler und Nenner des Bruches durch $|\Omega|$:

$$P(A|B) = \frac{\frac{|A \cap B|}{|\Omega|}}{\frac{|B|}{|\Omega|}} = \frac{P(A \cap B)}{P(B)}.$$

Damit ist die bedingte Wahrscheinlichkeit zurückgeführt auf Wahrscheinlichkeiten von Ereignissen des Versuches. Das Beispiel legt es nahe, neben der Wahrscheinlichkeitsfunktion P eine weitere Funktion zu betrachten, die einem Ereignis $A \in \mathcal{A}$ den Wert

$$P(A|B) = \frac{P(A \cap B)}{P(B)}$$

zuordnet.

Einen weiteren Grund für die Einführung von $P(A|B)$ liefert das folgende Beispiel:

Wir betrachten einen beliebigen Zufallsversuch. A und B seien zwei mögliche Ereignisse des Versuches. Wir führen den Versuch N-mal unter gleich bleibenden Bedingungen durch und notieren die relativen Häufigkeiten für die Ereignisse A, B und $A \cap B$.

Bei den N Versuchen sei k-mal das Ereignis A eingetreten, also ist:

$$h_N(A) = \frac{k}{N},$$

l-mal das Ereignis B eingetreten, also ist:

$$h_N(B) = \frac{l}{N},$$

m-mal das Ereignis $A \cap B$ eingetreten, also ist:

$$h_N(A \cap B) = \frac{m}{N}.$$

Wir berechnen die relative Häufigkeit für das Eintreten des Ereignisses A unter der Voraussetzung, dass auch B eintritt. Diese relative Häufigkeit bezeichnen wir mit $h_N(A|B)$.

Zur Berechnung von $h_N(A|B)$ betrachtet man also nur die l Fälle, in denen B eintritt, wobei $l \neq 0$ vorausgesetzt wird. Unter diesen l Fällen gibt es m Fälle, in denen außer B auch A eingetreten ist. Es ist:

$$h_N(A|B) = \frac{m}{l}.$$

Dividiert man Zähler und Nenner des Bruches $\frac{m}{l}$ durch N, so erhält man:

$$h_N(A|B) = \frac{\frac{m}{N}}{\frac{l}{N}} = \frac{h_N(A \cap B)}{h_N(B)}.$$

Jetzt legt es das empirische Gesetz der großen Zahlen nahe, neben der Wahrscheinlichkeitsfunktion P eine weitere Funktion auf dem das Experiment beschreibenden Wahrscheinlichkeitsraum zu betrachten, die jedem Ereignis A den Wert $P(A|B) = \frac{P(A \cap B)}{P(B)}$ zuordnet, wobei ein Ereignis B mit $P(B) > 0$ gegeben ist. Diese Funktion, die häufig auch mit P_B bezeichnet wird, ist wie folgt definiert:

$$P_B\colon \mathcal{A} \to \mathbb{R} \text{ mit } P_B(A) = P(A|B).$$

Es lassen sich folgende Beziehungen für die Funktion P_B beweisen:

1) $0 \leq P_B(A) \leq 1$ für jedes Ereignis A;

2) $P_B(E) = 1$;

3) $P_B(A \cup C) = P_B(A) + P_B(C)$, falls $A \cap C = \{\}$.

P_B hat also die Eigenschaften einer Wahrscheinlichkeitsfunktion.
Der Wahrscheinlichkeitsfunktion P_B gibt man einen eigenen Namen.

Definition 3.1

Sei $(\Omega, \mathcal{A}, P)$ ein Wahrscheinlichkeitsraum und seien $A, B \in \mathcal{A}$ mit $P(B) > 0$.
Dann heißt $P_B(A) = P(A|B) = \dfrac{P(A \cap B)}{P(B)}$ die **bedingte Wahrscheinlichkeit des Ereignisses A unter der Bedingung B.**

Seien A, B Ereignisse und sei $P(B) > 0$.
Dann heißt **A abhängig von B** falls $P(A|B) \neq P(A)$.

Bemerkung: In Beispiel 1 ist übrigens nicht nur A abhängig von B, sondern B auch abhängig von A.

Es ist $P(B) = \dfrac{11}{36}$, $P(B|A) = \dfrac{|A \cap B|}{|A|} = \dfrac{5}{15} = \dfrac{1}{3}$, also $P(B|A) \neq P(B)$.

Das gilt allgemein:

Aus $P(A|B) = \dfrac{P(A \cap B)}{P(B)}$ und $P(B|A) = \dfrac{P(A \cap B)}{P(A)}$ folgt nämlich
$P(A|B) \cdot P(B) = P(A \cap B) = P(B|A) \cdot P(A)$.

Ist dann A abhängig von B, also $P(A|B) \neq P(A)$, so ist $P(B|A) \neq P(B)$ und damit B abhängig von A.

Umgekehrt gilt: Ist $P(B|A) = P(B)$, so ist $P(A|B) = P(A)$. Wir fassen also zusammen:

Sind A und B zwei Ereignisse mit $P(A) > 0$ und $P(B) > 0$, so ist A genau dann von B abhängig, also $P(A|B) \neq P(A)$, wenn B abhängig von A ist, also $P(B|A) \neq P(B)$.

Aus der Gleichung $P(A|B) \cdot P(B) = P(B|A) \cdot P(A)$ folgt:

$$P(A|B) = \frac{P(A)}{P(B)} \cdot P(B|A).$$

Wir halten diese Beziehung als Satz fest:

Satz 3.1

Sei $(\Omega, \mathcal{A}, P)$ ein Wahrscheinlichkeitsraum und seien $A, B \in \mathcal{A}$ Ereignisse mit $P(A) > 0$, $P(B) > 0$. Dann ist

$$P(A|B) = \frac{P(A)}{P(B)} \cdot P(B|A).$$

Die Gleichung $P(A \cap B) = P(A|B) \cdot P(B)$ ist der so genannte **Multiplikationssatz** der Wahrscheinlichkeitsrechnung für zwei Ereignisse.

Der Multiplikationssatz hat die folgende Darstellung im Baumdiagramm:

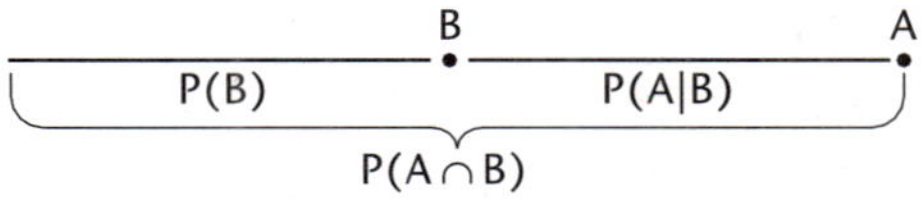

Abbildung 3.2

Aufgabe1

Wir betrachten Familien mit zwei Kindern. Wie groß ist die Wahrscheinlichkeit, dass die Familien zwei Jungen hat, wenn schon bekannt ist, dass sie wenigstens einen Jungen hat?
Bei Berücksichtigung der Geburtenfolge ist die Ergebnismenge $\Omega = \{(J; J), (J; M), (M; J), (M; M)\}$. Dabei bedeutet J Junge und M Mädchen. Wir nehmen an, dass jedes Elementarereignis die gleiche Wahrscheinlichkeit hat, und betrachten die Ereignisse:
E_1: »Die Familie hat wenigstens einen Jungen«, also
$E_1 = \{(J; J), (J; M), (M; J)\}$.
E_2: »Beide Kinder sind Jungen«, also $E_2 = \{(J; J)\}$.
Führen Sie die Aufgabe fort.

Beispiel 2

In einer Urne befinden sich vier rote Kugeln, drei schwarze Kugeln und eine grüne Kugel. Wir ziehen nacheinander zwei Kugeln ohne Zurücklegen. Wie groß ist die Wahrscheinlichkeit für die folgenden Ereignisse:

a) Beide Kugeln sind rot;

b) die erste Kugel ist rot, die zweite Kugel ist schwarz?

Lösung: Es sei s = schwarz, r = rot und g = grün. Die Ergebnismenge Ω sei
$\Omega = \{(s; s), (s; r), (s; g), (r; s), (r; r), (r; g), (g; s), (g; r)\}$.

Wir führen folgende Ereignisse ein:
S_1: »Die erste gezogene Kugel ist schwarz.«
S_2: »Die zweite gezogene Kugel ist schwarz.«
Als Teilmengen von Ω haben S_1 und S_2 folgende Darstellung:

$$S_1 = \{(s;\, s),\, (s;\, r),\, (s;\, g)\},\quad S_2 = \{(s;\, s),\, (r;\, s),\, (g;\, s)\}.$$

Entsprechend werden die Ereignisse R_1, R_2, G_1 und G_2 für die Farben Rot und Grün definiert.

Aufgabe 2
Stellen Sie die Ereignisse R_1, R_2, G_1, G_2 als Teilmengen von Ω dar.

Benutzt man die oben definierten Mengen, so ergeben sich aus dem Multiplikationssatz folgende Lösungen für das Beispiel 2:

a $P(\{(r;\, r)\}) = P(R_1 \cap R_2) = P(R_2|R_1) \cdot P(R_1) = \frac{3}{7} \cdot \frac{1}{2} = \frac{3}{14}$

b $P(\{(r;\, s)\}) = P(R_1 \cap S_2) = P(S_2|R_1) \cdot P(R_1) = \frac{3}{7} \cdot \frac{1}{2} = \frac{3}{14}$

Den Ablauf des Zufallsexperiments erläutert folgendes Baumdiagramm:

Abbildung 3.3

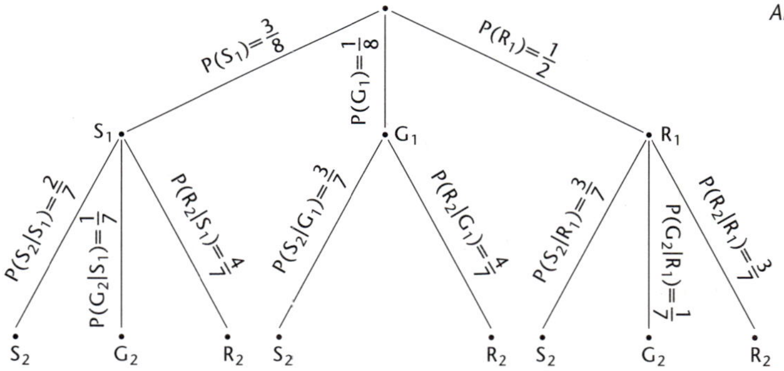

Der Multiplikationssatz lässt sich zur Berechnung der Wahrscheinlichkeit von mehr als zwei Ereignissen verallgemeinern.

Beispiel 3
Wir betrachten die Urne aus dem vorigen Beispiel 2, ziehen aber jetzt ohne Zurücklegen drei Kugeln. Gefragt ist nach der Wahrscheinlichkeit des Ereignisses: »Die erste gezogene Kugel ist rot, die zweite schwarz, die dritte grün.«

Wir setzen den Baum aus Abbildung 3.3 an der Stelle fort, die für diese Aufgabenstellung interessiert.

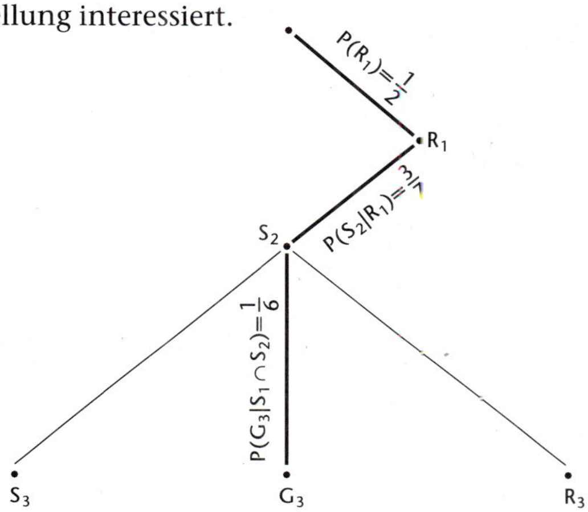

Abbildung 3.4

$$P(G_3 \cap S_2 \cap R_1) = P(G_3|S_2 \cap R_1) \cdot P(S_2 \cap R_1)$$
$$= P(G_3|S_2 \cap R_1) \cdot P(S_2|R_1) \cdot P(R_1) = \frac{1}{28}$$

Man erhält auch in diesem Beispiel die Wahrscheinlichkeit dafür, dass die durch den Pfad verbundenen Ereignisse gemeinsam auftreten, indem man die Wahrscheinlichkeiten entlang des Pfades multipliziert.

Allgemein gilt:

Satz 3.2 Multiplikationssatz

Sei $(\Omega, \mathcal{A}, P)$ ein Wahrscheinlichkeitsraum und seien $A_1, \ldots, A_n \in \mathcal{A}$ mit $P(A_1) > 0$, $P(A_1 \cap A_2) > 0, \ldots, P(A_1 \cap \ldots \cap A_{n-1}) > 0$. Dann gilt:

$$P(A_1 \cap A_2 \cap \ldots \cap A_n)$$
$$= P(A_n|A_1 \cap A_2 \cap \ldots \cap A_{n-1}) \cdot P(A_{n-1}|A_1 \cap \ldots \cap A_{n-2}) \cdot$$
$$\ldots \cdot P(A_3|A_1 \cap A_2) \cdot P(A_2|A_1) \cdot P(A_1).$$

Eine Darstellung dieses Satzes durch einen Pfad wäre:

Abbildung 3.5

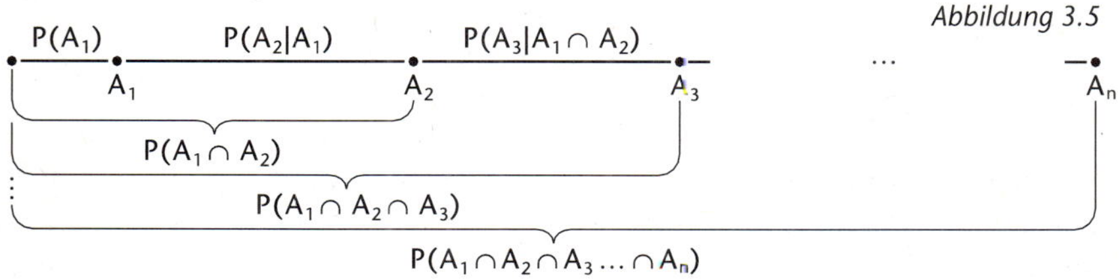

3.2 Der Satz von der totalen Wahrscheinlichkeit und die Formel von Bayes

Beispiel 4

Wir betrachten noch einmal die Situation des Beispiels 2.

Man ziehe zwei Kugeln ohne Zurücklegen aus einer Urne, in der sich vier rote, drei schwarze und eine grüne Kugel befinden. Wie groß ist die Wahrscheinlichkeit, dass die zweite gezogene Kugel schwarz ist?

Lösung: Wir wiederholen das Baumdiagramm.

Abbildung 3.6

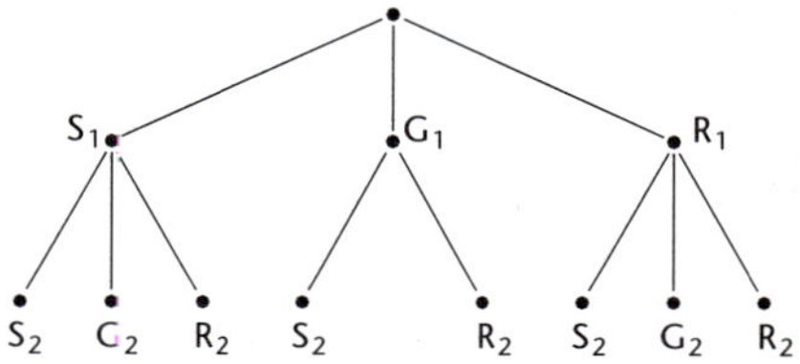

Gefragt ist nach der Wahrscheinlichkeit des Ereignisses S_2. Aus dem Baumdiagramm entnimmt man:

$S_2 = (S_2 \cap S_1) \cup (S_2 \cap G_1) \cup (S_2 \cap R_1) = \{(s; s), (r; s), (g; s)\}$.

Die Ereignisse $(S_2 \cap S_1)$, $(S_2 \cap G_1)$, $(S_2 \cap R_1)$ sind paarweise disjunkt. Also gilt nach Satz 2.7:

$P(S_2) = P(S_2 \cap S_1) + P(S_2 \cap G_1) + P(S_2 \cap R_1)$.

Daraus folgt mit dem Multiplikationssatz:

$$P(S_2) = P(S_2|S_1) \cdot P(S_1) + P(S_2|G_1) \cdot P(G_1) + P(S_2|R_1) \cdot P(R_1)$$
$$= \frac{2}{7} \cdot \frac{3}{8} + \frac{3}{7} \cdot \frac{1}{8} + \frac{3}{7} \cdot \frac{1}{2} = \frac{21}{56}.$$

Das Vorgehen, das hier beschrieben wird, lässt sich verallgemeinern.

Die Darstellung eines Ereignisses B in der Form:

$B = (B \cap A_1) \cup (B \cap A_2) \cup \ldots \cup (B \cap A_m)$,

wobei die A_i Ereignisse und die Ereignisse $(B \cap A_1)$, $(B \cap A_2)$, …, $(B \cap A_m)$ paarweise disjunkt sind, ist immer dann möglich, wenn die A_i eine **Zerlegung** der Menge Ω liefern. Dies ist genau dann der Fall, wenn die A_i paarweise disjunkt sind und ihre Vereinigung Ω ist. Es ist dann

$B = B \cap \Omega = B \cap (A_1 \cup \ldots \cup A_m) = (B \cap A_1) \cup \ldots \cup (B \cap A_m).$

Da die A_i paarweise disjunkt sind, sind es auch die Mengen $(B \cap A_1), \ldots, (B \cap A_m)$.

In unserem Beispiel war
$\Omega = \{(s; s), (s; r), (s; g), (r; s), (r; r), (r; g), (g; s), (g; r)\}$,
$S_1 = \{(s; s), (s; r), (s; g)\}$,
$R_1 = \{(r; s), (r; r), (r; g)\}$,
$G_1 = \{(g; s), (g; r)\}$.

Die Ereignisse S_1, R_1 und G_1 bildeten eine Zerlegung von Ω.
Es gilt dann:

Satz 3.3 Satz von der totalen Wahrscheinlichkeit

Sei $(\Omega, \mathcal{A}, P)$ ein Wahrscheinlichkeitsraum und seien $A_1, \ldots, A_m$ Ereignisse mit der Eigenschaft $A_1 \cup A_2 \cup \ldots \cup A_m = \Omega$, $A_i \cap A_j = \{\}$ für $i \neq j$ und $P(A_i) > 0$ für $i = 1, \ldots, m$.
Für ein Ereignis $B \in \mathcal{A}$ gilt dann:

$$\begin{aligned} P(B) &= P(B \cap A_1) + P(B \cap A_2) + \ldots + P(B \cap A_m) \\ &= P(B|A_1) \cdot P(A_1) + P(B|A_2) \cdot P(A_2) + \ldots + P(B|A_m) \cdot P(A_m). \end{aligned}$$

Wir veranschaulichen den Satz noch einmal an einem Diagramm, aus dem man mit Satz 2.7 und dem Multiplikationssatz auch sofort den Beweis ablesen kann.

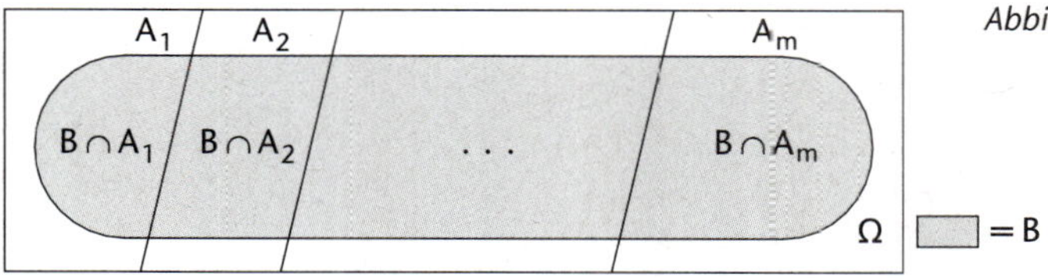

Abbildung 3.7

Folgende Abbildung veranschaulicht den Satz im Baumdiagramm:

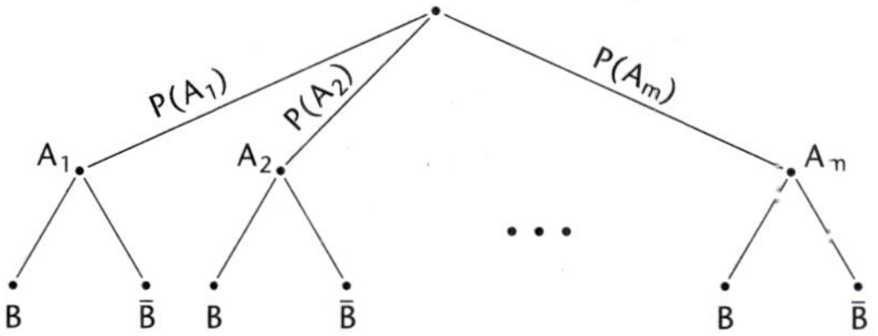

Abbildung 3.8

Wir betrachten ein weiteres Beispiel.

Beispiel 5

Eine Fabrik produziert mit zwei Maschinen die gleichen Kleinteile. 60 % der Produktion werden mit der ersten Maschine, 40 % mit der zweiten Maschine hergestellt. Bei der ersten Maschine beträgt die Ausschussquote 3 %, bei der zweiten 5 %.

Mit welcher Wahrscheinlichkeit ist ein produziertes Teil defekt?

Lösung: Wir führen folgende Ereignisse ein:
A_1: »Das Teil wurde von Maschine 1 produziert.«
A_2: »Das Teil wurde von Maschine 2 produziert.«
B: »Das Teil ist defekt.«

Gefragt ist nach P(B). Zur Lösung folgendes Baumdiagramm:

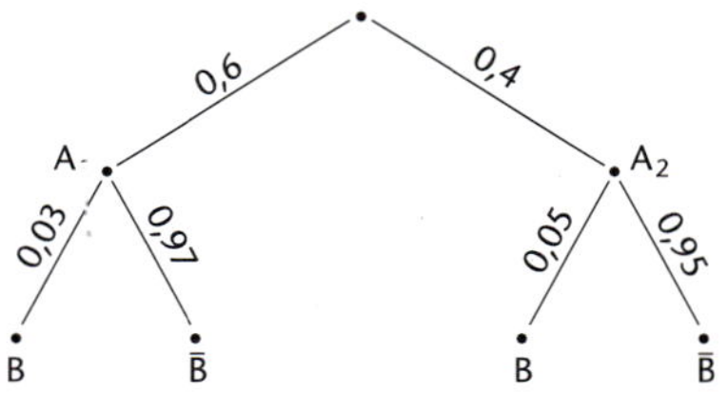

Abbildung 3.9

Es ist $B = (A_1 \cap B) \cup (A_2 \cap B)$.
Da $A_1 \cap A_2 = \{\}$, ist $(A_1 \cap B) \cap (A_2 \cap B) = \{\}$, also
$P(B) = P(B|A_1) \cdot P(A_1) + P(B|A_2) \cdot P(A_2) = 0{,}03 \cdot 0{,}6 + 0{,}05 \cdot 0{,}4 = 0{,}038.$

Aufgabe 3

Eine Fabrik produziert mit einer Maschine Kleinteile. Der Anteil der defekten Teile betrage 3 %. Die produzierten Kleinteile durchlaufen eine Endkontrolle. Dabei werden 80 % der defekten Teile aussortiert, aber fälschlicherweise auch 10 % der guten Teile. Wie groß ist die Wahrscheinlichkeit, dass ein produziertes Stück aussortiert wird?

Stellen Sie die Aufgabe zunächst in einem Baumdiagramm dar.

Aufgabe 4

Um die Kontrolle im Beispiel der Aufgabe 3 zu verbessern, durchlaufen die nicht aussortierten Stücke die Kontrolle ein zweites Mal. Wie groß ist die Wahrscheinlichkeit, dass

a ein defektes Teil aussortiert wird,

b ein defektes Teil nicht aussortiert wird,

c ein gutes Teil aussortiert wird?

Beispiel 6

Zwei Freunde gehen auf Entenjagd. Der bessere Schütze hat eine Trefferwahrscheinlichkeit von 70 %, der andere eine Trefferwahrscheinlichkeit von nur 40 %. Dafür hat der zweite eine doppelläufige Flinte, die sein Freund nicht hat. Auf jede auffliegende Ente gibt also der erste einen Schuss ab, der zweite dagegen zwei Schüsse.

a) Wie groß ist die Wahrscheinlichkeit, dass eine auffliegende Ente getroffen wird?

b) Wie groß ist die Wahrscheinlichkeit, dass die Ente von dem besseren Schützen erlegt wird?

Lösung: Wir führen folgende Ereignisse ein:

A_1: »Eine abgefeuerte Kugel stammt vom besseren Schützen.«

A_2: »Eine abgefeuerte Kugel stammt vom schlechteren Schützen.«

B: »Die Ente wird getroffen.«

Wir erhalten folgendes Baumdiagramm:

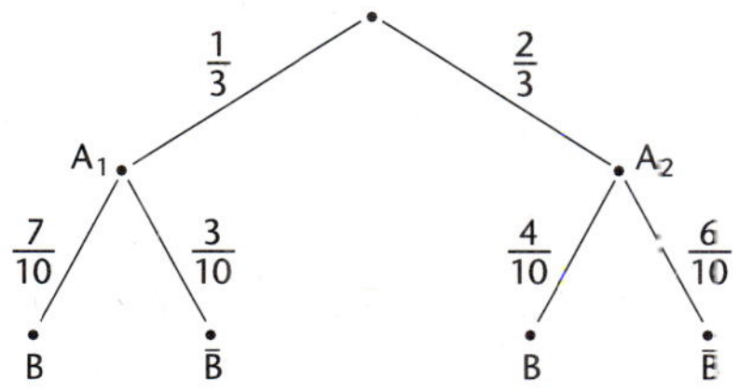

Abbildung 3.10

a) Die Ente wird mit der Wahrscheinlichkeit getroffen

$$\frac{7}{10}\cdot\frac{1}{3}+\frac{4}{10}\cdot\frac{2}{3}=\frac{1}{2}.$$

b) Zur Beantwortung der Frage **b)** ist $P(A_1|B)$ zu berechnen. Wir kennen $P(A_1)$, $P(A_2)$, $P(B|A_1)$ und $P(B|A_2)$. Nach Satz 3.1 ist:

$$P(A_1|B)=\frac{P(A_1)}{P(B)}\cdot P(B|A_1).$$

Berücksichtigen wir noch, dass P(B) folgende Darstellung hat:

$$P(B)=P(A_1)\cdot P(B|A_1)+P(A_2)\cdot P(B|A_2),$$

so erhalten wir:

$$P(A_1|B) = \frac{P(A_1) \cdot P(B|A_1)}{P(A_1) \cdot P(B|A_1) + P(A_2) \cdot P(B|A_2)} = \frac{\frac{1}{3} \cdot \frac{7}{10}}{\frac{1}{3} \cdot \frac{7}{10} + \frac{2}{3} \cdot \frac{4}{10}} = \frac{7}{15}.$$

Wir haben also die Wahrscheinlichkeit $P(A_1|B)$ aus den Wahrscheinlichkeiten $P(A_1)$, $P(A_2)$, $P(B|A_1)$ und $P(B|A_2)$ errechnet. Dazu haben wir die Sätze 3.1 und 3.3 benutzt. Eine der letzten Gleichung entsprechende Gleichung lässt sich auch für mehr als zwei Ereignisse A_1 und A_2 herleiten.

Dabei muss selbstverständlich vorausgesetzt werden, dass die A_i die Bedingungen des Satzes 3.3 erfüllen. Man erhält die so genannte Formel von Bayes:

Satz 3.4 Formel von Bayes

Sei $(\Omega, \mathcal{A}, P)$ ein Wahrscheinlichkeitsraum und seien $A_1, \ldots, A_m$ Ereignisse mit der Eigenschaft:
$A_1 \cup A_2 \cup \ldots \cup A_m = \Omega$, wobei $A_i \cap A_j = \{\}$ für $i \neq j$ und $P(A_i) > 0$ für $i = 1, \ldots, m$.

Dann gilt: $P(A_i|B) = \frac{P(B|A_i) \cdot P(A_i)}{P(B)} = \frac{P(B|A_i) \cdot P(A_i)}{\sum_{j=1}^{m} P(B|A_j) \cdot P(A_j)}$.

Aufgabe 5

Drei Maschinen stellen Glühbirnen mit den Ausschussquoten q_1, q_2 und q_3 her. Ihre Anteile an der Gesamtproduktion sind p_1, p_2 und p_3.

a Wie groß ist die Ausschussquote der gesamten Produktion?

b Der Gesamtproduktion wird zufällig eine Glühbirne entnommen, von der sich herausstellt, dass sie fehlerfrei ist. Mit welcher Wahrscheinlichkeit wurde sie von der Maschine 1 produziert?

3.3 Unabhängigkeit von Ereignissen

Beispiel 7

Zwei unterscheidbare Würfel W_1 und W_2 werden geworfen.

a) Wie groß ist die Wahrscheinlichkeit, dass die Augensumme der beiden Würfel ≥ 8 ist?

b) Wie groß ist die Wahrscheinlichkeit, dass die Augensumme ≥ 8 ist, wenn ein Würfel eine 4 zeigt?

Diese Aufgabe kennen wir bereits aus Beispiel 1.
Die Ergebnismenge des Versuchs ist
$\Omega = \{(i; j), 1 \leq i \leq 6, 1 \leq j \leq 6\}$.

Sei A das Ereignis: »Die Augensumme ist mindestens 8«, also
$A = \{(i; j) | i + j \geq 8\}$.

Sei B das Ereignis: »Ein Würfel zeigt eine Vier«, also
$B = \{(4; j), j = 1, \ldots, 6\} \cup \{(i; 4), i = 1, \ldots, 6\}$.

Es ist $P(A) = \frac{15}{36} = \frac{5}{12}$, $P(A|B) = \frac{5}{11} \neq P(A)$.

Das Ereignis A ist also abhängig vom Ereignis B.

Beispiel 8

Wir setzen die Betrachtungen zu Beispiel 7 fort und fragen:
Wie groß ist die Wahrscheinlichkeit, dass der zweite Würfel eine 4 zeigt, wenn auch der erste Würfel eine 4 zeigt?

Lösung: Wir definieren folgende Ereignisse:
A: »Der zweite Würfel zeigt eine 4«, also
$A = \{(i; 4), i = 1, \ldots, 6\}$,

und

B: »Der erste Würfel zeigt eine 4«, also
$B = \{(4; j), j = 1, \ldots, 6\}$.

Es ist dann $P(A) = \frac{6}{36} = \frac{1}{6}$ und $P(A|B) = \frac{|A \cap B|}{|B|} = \frac{1}{6}$.

Die Forderung, dass das Ereignis B eintreten soll, beeinflusst also die Wahrscheinlichkeit für das Eintreten von A nicht. Es ist $P(A|B) = P(A)$. Man nennt das Ereignis A unabhängig von B. Man überlegt sich sofort, dass dann auch B unabhängig von A ist. Wäre nämlich B von A abhängig, so wäre auch A abhängig von B (s. Seite 88 f.). Das wäre aber ein Widerspruch dazu, dass A unabhängig von B ist.

Wir können also sagen »A und B sind unabhängig«.

Diese Überlegungen lassen sich verallgemeinern. Sind A und B zwei Ereignisse mit $P(A) > 0$ und $P(B) > 0$, so folgt aus der Gleichung $P(A|B) \cdot P(B) = P(B|A) \cdot P(A)$:

Ist $P(A|B) = P(A)$, so auch $P(B|A) \cdot P(B)$, und ist $P(B|A) = P(B)$, so auch $P(A|B) = P(A)$.

Die Unabhängigkeit zweier Ereignisse ist dann gleichbedeutend mit der Gültigkeit der Gleichung

$$P(A \cap B) = P(A) \cdot P(B).$$

Diese Gleichung benutzt man auch zur Definition der Unabhängigkeit zweier Ereignisse.

Definition 3.2

Sei $(\Omega, \mathcal{A}, P)$ ein Wahrscheinlichkeitsraum. Die Ereignisse A und B heißen **unabhängig**, wenn $P(A \cap B) = P(A) \cdot P(B)$ gilt.

Zwei Ereignisse A und B sind also genau dann unabhängig, wenn der Multiplikationssatz die einfachere Form $P(A \cap B) = P(A) \cdot P(B)$ erhält.

Diese Gleichung nennt man die **Produktregel.**

Wir haben den Begriff der »Unvereinbarkeit« zweier Ereignisse eingeführt. Dieser Begriff darf nicht mit dem Begriff der »Unabhängigkeit« der beiden Ereignisse verwechselt werden.

»A und B sind unvereinbar« bedeutet $A \cap B = \{\}$. Aus $A \cap B = \{\}$ folgt $P(A \cup B) = P(A) + P(B)$.

»A und B sind unabhängig« ist äquivalent zu $P(A \cap B) = P(A) \cdot P(B)$.

Wie man sich sofort überlegen kann, schließt die Unvereinbarkeit zweier Ereignisse die Unabhängigkeit dieser Ereignisse aus. A und B sind unvereinbar bedeutet doch, dass A und B nicht gemeinsam auftreten können. Sie beeinflussen sich also gegenseitig. Tritt z. B. A ein, so tritt B nicht ein.

Satz 3.5

Sind die Ereignisse A und B unabhängig, so sind auch die folgenden Ereignisse unabhängig:
A und $\overline{B}$, $\overline{A}$ und B, $\overline{A}$ und $\overline{B}$.

Aufgabe 6

Beweisen Sie Satz 3.5.

Wir wollen den Begriff der Unabhängigkeit zweier Ereignisse auf die Unabhängigkeit von mehreren Ereignissen ausdehnen. Beginnen wir mit drei Ereignissen A, B und C.

Man könnte vermuten, dass man den Begriff der Unabhängigkeit von drei Ereignissen durch die Bedingung

$$P(A \cap B \cap C) = P(A) \cdot P(B) \cdot P(C)$$

definieren könnte. Hier ist aber Vorsicht geboten, denn aus der Gleichung

$$P(A \cap B \cap C) = P(A) \cdot P(B) \cdot P(C)$$

folgt nicht, dass die Ereignisse A, B, C paarweise unabhängig sind.

Dazu folgendes Beispiel:

Beispiel 9

Ein symmetrischer Würfel werde geworfen. Es bezeichne $A = \{1, 2, 4\}$, $B = \{2, 3, 5\}$ und $C = \{2, 4, 5, 6\}$.

Dann ist

$$P(A) = P(B) = \frac{1}{2}, \; P(C) = \frac{2}{3},$$

$$P(A \cap B) = P(\{2\}) = \frac{1}{6}, \; P(A \cap C) = P(\{2, 4\}) = \frac{1}{3},$$

$$P(B \cap C) = P(\{2, 5\}) = \frac{1}{3},$$

$$P(A \cap B \cap C) = P(\{2\}) = \frac{1}{6} = P(A) \cdot P(B) \cdot P(C), \quad \text{aber}$$

$$P(A \cap B) = \frac{1}{6} \neq P(A) \cdot P(B).$$

Umgekehrt: Wenn die drei Ereignisse A, B und C paarweise unabhängig sind, so folgt daraus nicht:

$$P(A \cap B \cap C) = P(A) \cdot P(B) \cdot P(C),$$

wie das folgende Beispiel zeigt:

Beispiel 10
Zwei symmetrische Würfel werden geworfen. Der eine Würfel sei rot, der andere grün. Die Ereignisse A, B und C werden wie folgt definiert:

A: »Auf dem grünen Würfel trete eine gerade Augenzahl auf.«
B: »Auf dem roten Würfel trete eine ungerade Augenzahl auf.«
C: »Die Augensumme ist gerade.«

Es ist

$$P(A \cap B) = P(A) \cdot P(B); \quad P(A \cap C) = P(A) \cdot P(C); \quad P(B \cap C) = P(B) \cdot P(C),$$

aber

$$P(A \cap B \cap C) \neq P(A) \cdot P(B) \cdot P(C)$$

Aufgabe 7
Bestätigen Sie die Aussagen des Beispiels.

Aus den vorherigen Beispielen wird deutlich, dass es sinnvoll ist, drei Ereignisse A, B, C unabhängig zu nennen, wenn

$$P(A \cap B) = P(A) \cdot P(B), \quad P(A \cap C) = P(A) \cdot P(C), \quad P(B \cap C) = P(B) \cdot P(C)$$

und $P(A \cap B \cap C) = P(A) \cdot P(B) \cdot P(C)$.

Allgemein definiert man die Unabhängigkeit endlich vieler Ereignisse durch:

Definition 3.3

Die Ereignisse $A_1, \ldots, A_m$ heißen unabhängig, wenn für jede Auswahl von r Ereignissen $(1 < r \leq m)$ die Produktregel gilt.

3.4 Bernoulli-Kette

Bei manchen Zufallsexperimenten interessiert man sich nur dafür, ob ein Ereignis A eintritt oder ob es nicht eintritt. Als mögliche Ausfälle des Versuches werden nur A und $\overline{A}$ betrachtet. Ein solcher Versuch heißt ein **Bernoulli-Experiment** oder **Bernoulli-Versuch**; benannt nach Jakob Bernoulli (1655–1705).

Beispiel 11

a) Zwei Kinder K_1 und K_2 würfeln. K_1 gewinnt, wenn die geworfene Zahl gerade ist; K_2 gewinnt, wenn der Würfel eine ungerade Zahl zeigt. Wir definieren folgende Ereignisse:
A: »Die gewürfelte Zahl ist gerade.« Also $A = \{2, 4, 6\}$.
$\bar{A}$: »Die gewürfelte Zahl ist ungerade.« Also $\bar{A} = \{1, 3, 5\}$.
Das Spiel hat dann die Ergebnismenge $\Omega = \{A, \bar{A}\}$.

b) Aus einer Warenlieferung werden Proben entnommen. Es interessiere nur die Frage, ob das entnommene Stück defekt ist. Wir kennzeichnen die Ereignisse:
A: »Das entnommene Stück ist defekt.«
$\bar{A}$: »Das entnommene Stück ist fehlerfrei.«

c) Das einfachste Beispiel eines Bernoulli-Experimentes stellt der Münzwurf dar. Der Versuch hat die beiden möglichen Ausgänge »Wappen« und »Zahl«.
Wir bezeichnen das Ereignis »Wappen« mit A, entsprechend das Ereignis »Zahl« mit $\bar{A}$.

Ein Bernoulli-Experiment wird also durch den Wahrscheinlichkeitsraum $(\Omega, \mathcal{A}, P)$ mit $\Omega = \{A, \bar{A}\}$, $\mathcal{A} = \{\{\}, A, \bar{A}, \Omega\}$ und der Wahrscheinlichkeitsfunktion P mit $P(A) = p$, $P(A) = 1 - p$ beschrieben; p heißt der **Parameter** des Bernoulli-Experimentes.

In einem Bernoulli-Experiment kennzeichnet man A oft durch eine 1 und $\bar{A}$ durch eine 0. In diesem Falle erhält man für den Wahrscheinlichkeitsraum zur Beschreibung des Versuches die Darstellung $(\Omega, \mathcal{A}, P)$ mit

$$\Omega = \{1, 0\}, \quad \mathcal{A} = \{\{\}, \{1\}, \{0\}, \Omega\}$$

und

$$P(\{\}) = 0, \quad P(\{1\}) = p, \quad P(\{0\}) = 1 - p = q, \quad P(\Omega) = 1.$$

Wir werden im Folgenden beide Beschreibungen verwenden.

Als Nächstes soll erläutert werden, was unter der unabhängigen Wiederholung eines Bernoulli-Experimentes zu verstehen ist.

Der Begriff der Unabhängigkeit trat in Abschnitt 3.3 erstmals auf, und zwar wurde durch Definition 3.2 »die Unabhängigkeit zweier Ereignisse« festgelegt. In Ergänzung dazu soll jetzt erklärt werden, wann nacheinander ausgeführte Bernoulli-Experimente als unabhängig zu bezeichnen sind. Zur Erläuterung folgendes Beispiel:

Beispiel 12

In einer Urne befinden sich drei schwarze, eine grüne und vier rote Kugeln.

S sei das Ereignis »Es wird eine schwarze Kugel gezogen«.
$\overline{S}$ sei das Ereignis »Es wird keine schwarze Kugel gezogen«.

Dann gilt:

$$P(S) = \frac{3}{8} = p, \quad P(\overline{S}) = \frac{5}{8} = 1 - p.$$

Wir ziehen zweimal mit Zurücklegen.
Was bedeutet es, dass die beiden Teilversuche unabhängig sind?

Wir betrachten die Ereignisse
S_1: »Im 1. Versuch tritt S ein«, $\overline{S}_1$: »Im 1. Versuch tritt S nicht ein«,
S_2: »Im 2. Versuch tritt S ein«, $\overline{S}_2$: »Im 2. Versuch tritt S nicht ein«.

Der den Gesamtversuch beschreibende Baum hat die Gestalt:

Abbildung 3.11

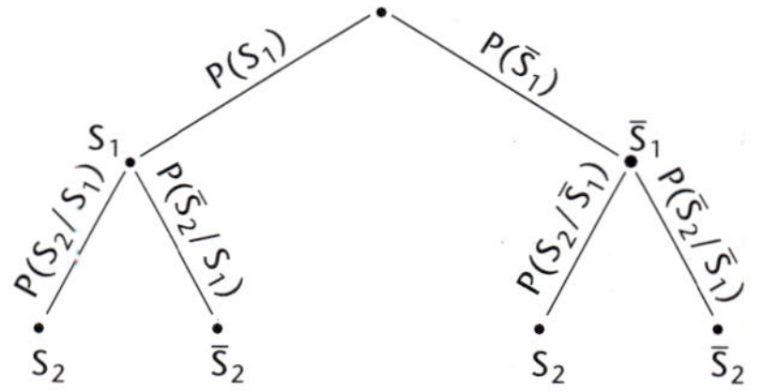

Unabhängigkeit der beiden Versuche kann nun doch nur bedeuten, dass das Ergebnis des 2. Versuches nicht vom Ergebnis des 1. Versuches beeinflusst wird, also gilt:

$$P(S_2|S_1) = P(S_2) = \frac{3}{8} = p; \qquad P(S_2|\overline{S}_1) = P(S_2) = \frac{3}{8} = p$$

$$P(\overline{S}_2|S_1) = P(\overline{S}_2) = \frac{5}{8} = 1 - p; \quad P(\overline{S}_2|\overline{S}_1) = P(\overline{S}_2) = \frac{5}{8} = 1 - p$$

oder gleichwertig dazu:

$$P(S_1 \cap S_2) = P(S_1) \cdot P(S_2) = p^2; \qquad P(\overline{S}_1 \cap S_2) = P(\overline{S}_1) \cdot P(S_2) = (1-p)p$$

$$P(S_1 \cap \overline{S}_2) = P(S_1) \cdot P(\overline{S}_2) = p(1-p); \quad P(\overline{S}_1 \cap \overline{S}_2) = P(\overline{S}_1) \cdot P(\overline{S}_2) = (1-p)^2$$

Die eingerahmten Gleichungen sind übrigens schon dann erfüllt, wenn jeweils die erste dieser Gleichungen gilt. Das ist die Aussage des Satzes 3.5.

Zur Definition der Unabhängigkeit zweier Bernoulli-Experimente verwenden wir daher nur die erste Gleichung.

Definition 3.4

Ein Bernoulli-Experiment mit $\Omega = \{A, \overline{A}\}$ werde zweimal durchgeführt. Es bezeichne:
A_1 das Ereignis: »Im 1. Versuch tritt A ein«,
A_2 das Ereignis: »Im 2. Versuch tritt A ein«.
Die beiden Versuche heißen **unabhängig,** wenn die Ereignisse $A_1, \overline{A}_1$ und $A_2, \overline{A}_2$ unabhängig sind.

Wir führen das Bernoulli-Experiment $(\Omega, \mathcal{A}, P)$, $\Omega = (A, \overline{A})$, $P(A) = p$ dreimal durch. Das Gesamtexperiment wird dann beschrieben durch den Baum:

Abbildung 3.12

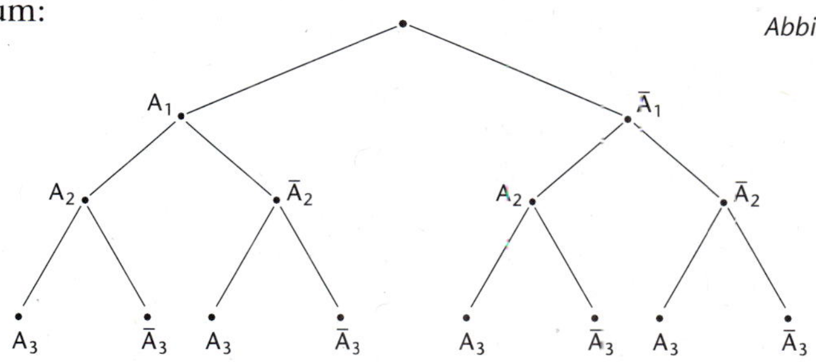

Dabei bezeichne
A_1 das Ereignis: »A tritt im 1. Versuch auf«,
A_2 das Ereignis: »A tritt im 2. Versuch auf«,
A_3 das Ereignis: »A tritt im 3. Versuch auf«.

Unabhängigkeit der Versuche bedeutet dann, dass für alle Kombinationen $A_1 \cap A_2 \cap A_3$, $A_1 \cap A_2 \cap \overline{A}_3$, $\ldots$, $\overline{A}_1 \cap \overline{A}_2 \cap \overline{A}_3$ die Produktregel gilt, also

$$\left.\begin{aligned} P(A_1 \cap A_2 \cap A_3) &= P(A_1) \cdot P(A_2) \cdot P(A_3) = p^3 \\ P(A_1 \cap A_2 \cap \overline{A}_3) &= P(A_1) \cdot P(A_2) \cdot P(\overline{A}_3) = p^2(1-p) \\ &\vdots \\ P(\overline{A}_1 \cap \overline{A}_2 \cap \overline{A}_3) &= P(\overline{A}_1) \cdot P(\overline{A}_2) \cdot P(A_3) = (1-p)^3 \end{aligned}\right\} \text{8 Gleichungen.}$$

Wir verallgemeinern die Überlegungen für N Durchführungen.

Definition 3.5

Ein Bernoulli-Experiment mit $\Omega = \{A, \overline{A}\}$ werde N-mal durchgeführt. Für $i = 1, \ldots, N$ bezeichne A_i das Ereignis: »Im i-ten Versuch tritt A ein«. Die N Durchführungen heißen **unabhängig,** wenn in allen Zusammenstellungen $B_1, \ldots, B_N$ mit $B_i = A_i$ oder $B_i = \overline{A}_i$ die Ereignisse unabhängig sind.

Wird das gleiche Bernoulli-Experiment N-mal durchgeführt, wobei die einzelnen Versuche unabhängig voneinander sind, so spricht man von einer **Bernoulli-Kette der Länge N.** Die Größen p und N heißen die **Parameter** der Bernoulli-Kette.

Die Wahrscheinlichkeitsfunktion des zusammengesetzten Experimentes lautet $P(B_1 \cap B_2 \cap \ldots \cap B_N) = p^k(1-p)^{N-k}$, wenn k der B_i gleich A_i und $n-k$ der B_i gleich $\overline{A}_i$ sind.

Die Ergebnismenge eines zusammengesetzten Experimentes haben wir durch Tupel gekennzeichnet. Ist $\Omega = \{A, \overline{A}\}$ die Ergebnismenge des Bernoulli-Experiments, so lässt sich die N-fache Durchführung beschreiben durch die Ergebnismenge

$$\Omega^N = \underbrace{\Omega \times \ldots \times \Omega}_{\text{N-mal}},$$

also durch die Menge aller N-Tupel mit Komponenten A oder $\overline{A}$. Die Wahrscheinlichkeitsfunktion P des zusammengesetzten Experimentes lautet dann entsprechend $P(\{(A, \overline{A}, A, \overline{A}, \ldots)\}) = p^k(1-p)^{N-k}$, wenn k-mal A und $(N-k)$-mal $\overline{A}$ in dem Tupel auftritt.

Satz 3.6

Bei einem Bernoulli-Experiment sei die Wahrscheinlichkeit für das Auftreten des Ereignisses A gleich $P(A) = p$. Dann ist die Wahrscheinlichkeit dafür, dass in einer Bernoulli-Kette der Länge N das Ereignis A genau k-mal auftritt, gleich

$$p^k \cdot (1-p)^{N-k}, \quad k = 0, 1, 2, \ldots, N.$$

Ob es sich bei einer wiederholten Durchführung eines Bernoulli-Experiments um unabhängige Wiederholungen handelt, muss man aus der Versuchssituation entscheiden. Wir haben Beispiele kennen gelernt, wie

- den mehrfachen Würfelwurf zu Beginn eines »Mensch-ärgere-dich-nicht«-Spiels, wo es uns darum ging, ob eine Sechs fällt oder nicht,
- den mehrfachen Münzwurf,
- das Ziehen aus einer Urne mit Zurücklegen (Beispiel 12).

Hier war es jeweils aus der Versuchssituation her gerechtfertigt zu sagen, die Versuchsführungen seien unabhängig.

Beispiel 13

Bei einem Tontaubenschießen beteiligt sich ein Schütze mit einer Trefferwahrscheinlichkeit von 3 : 5.

a) Wie groß ist die Wahrscheinlichkeit, dass er bei 3 Schüssen dreimal trifft?

b) Mit welcher Wahrscheinlichkeit trifft er bei 3 Schüssen mindestens einmal.

Lösung:

a) $p = \frac{3}{5}, \quad N = 3, \quad k = 3.$

Die gesuchte Wahrscheinlichkeit ist

$$\binom{3}{3} \cdot \left(\frac{3}{5}\right)^3 \cdot \left(\frac{2}{5}\right)^0 = 0{,}216.$$

b) Wir berechnen zunächst die Wahrscheinlichkeit dafür, dass er bei 3 Schüssen keinmal trifft. Diese Wahrscheinlichkeit ist

$$\binom{3}{0} \cdot \left(\frac{3}{5}\right)^0 \cdot \left(\frac{2}{5}\right)^3 = 0{,}064.$$

Die Wahrscheinlichkeit, dass er mindestens einmal trifft, ist dann

$$1 - 0{,}064 = 0{,}936.$$

Bei Bernoulli-Ketten geht es oft um Fragen wie in der folgenden Aufgabe:

Aufgabe 8

In einem Bernoulli-Experiment tritt das Ereignis A mit der Wahrscheinlichkeit $P(A) = p$ ein. Das Experiment werde N-mal durchgeführt. Wie groß ist die Wahrscheinlichkeit dafür, dass in einer Kette der Länge N

a das Ereignis A genau k-mal eintritt?

b das Ereignis A mindestens k-mal eintritt?

c das Ereignis A höchstens k-mal eintritt?

3.5 Lösungen

1

$$P(E_2|E_1) = \frac{P(E_2 \cap E_1)}{P(E_1)} = \frac{\frac{1}{4}}{\frac{3}{4}} = \frac{1}{3}$$

2

$R_1 = \{(r; s)\}, (r; r), (r; g)\}$
$R_2 = \{(s; r)\}, (r; r), (g; r)\}$
$G_1 = \{(g; s)\}, (g; r)\}$
$G_2 = \{(s; g)\}, (r; g)\}$

3

Wir führen folgende Ereignisse ein:
B: Das Teil ist defekt.
K: Das Teil wurde in der Kontrolle aussortiert.

$P(K) = 0{,}03 \cdot 0{,}8 + 0{,}97 \cdot 0{,}1$
$= 0{,}024 + 0{,}097 = 0{,}12$

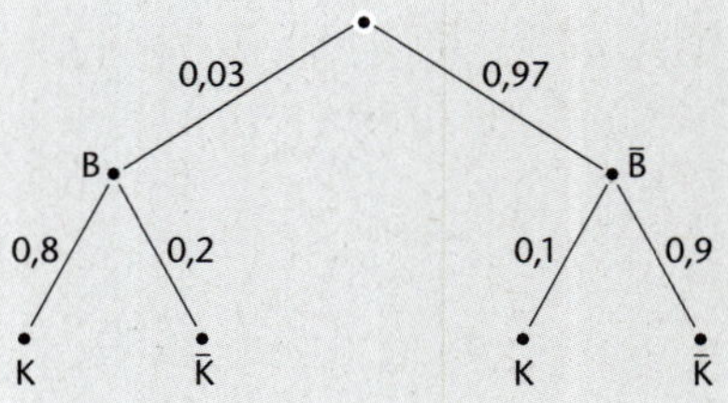

4

Wir führen folgende Ereignisse ein:
B: Das Teil ist defekt.
K_1: Das Teil wurde in der 1. Kontrolle aussortiert.
K_2: Das Teil wurde in der 2. Kontrolle aussortiert.

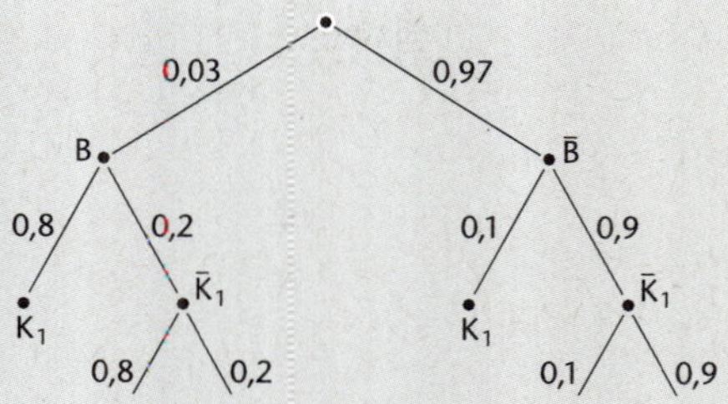

a $0{,}8+0{,}2\cdot 0{,}8=0{,}96$

b $0{,}2\cdot 0{,}2=0{,}04$

c $0{,}1+0{,}9\cdot 0{,}1=0{,}19$

5

Wir führen folgende Ereignisse ein:
M_1: Die Birne wurde von Maschine 1 produziert.
M_2: Die Birne wurde von Maschine 2 produziert.
M_3: Die Birne wurde von Maschine 3 produziert.
B: Die Birne ist defekt.

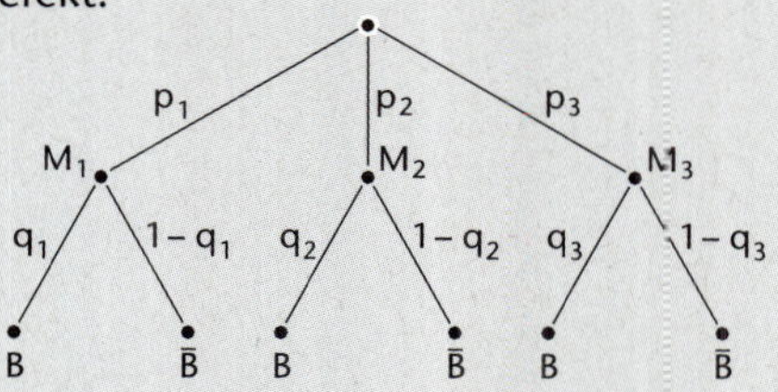

a $p_1q_1+p_2q_2+p_3q_3$

b $$P(M_1|\overline{B})=\frac{P(\overline{B}|M_1)\cdot P(M_1)}{P(\overline{B})}=\frac{P(\overline{B}|M_1)\cdot P(M_1)}{\sum_{i=1}^{3}P(\overline{B}|M_i)\cdot P(M_i)}$$

$$=\frac{(1-q_1)\cdot p_1}{(1-q_1)\cdot p_1+(1-q_2)p_2+(1-q_3)p_3}$$

6

Es gilt $P(A \cap B) = P(A) \cdot P(B)$.

Wir zeigen: $P(\overline{A} \cap B) = P(\overline{A}) \cdot P(B)$.

Es gilt:

$$P(B) = P(\Omega \cap B) = P((A \cup \overline{A}) \cap B)$$
$$= P((A \cap B) \cup (\overline{A} \cap B)) = P(A \cap B) + P(\overline{A} \cap B).$$

Also:

$$P(\overline{A} \cap B) = P(B) - P(A \cap B) = P(B) - P(A) \cdot P(B)$$
$$= P(B)(1 - P(A)) = P(B) \cdot P(\overline{A}).$$

Die anderen Fälle zeigt man analog.

7

$$P(A) = \frac{18}{36} = \frac{1}{2}, \quad P(B) = \frac{18}{36} = \frac{1}{2}, \quad P(C) = \frac{18}{36} = \frac{1}{2}$$

$$P(A \cap B) = \frac{1}{4} = \frac{1}{2} \cdot \frac{1}{2}, \quad P(A \cap C) = \frac{1}{4} = \frac{1}{2} \cdot \frac{1}{2}, \quad P(B \cap C) = \frac{1}{4} = \frac{1}{2} \cdot \frac{1}{2}$$

$$P(A \cap B \cap C) = 0 \neq P(A) \cdot P(B) \cdot P(C)$$

8

a $\binom{N}{k} \cdot p^k(1-p)^{N-k}$

b $\sum_{j=k}^{N} \binom{N}{k} \cdot p^k(1-p)^{N-k}$

c $\sum_{j=0}^{k} \binom{N}{k} \cdot p^k(1-p)^{N-k}$

Register